実験医学別冊

もっとよくわかる！
炎症と疾患

あらゆる疾患の基盤病態から
治療薬までを理解する

松島綱治／上羽悟史／七野成之／中島拓弥　著

羊土社
YODOSHA

【注意事項】本書の情報について─────────────────────────────
　本書に記載されている内容は，発行時点における最新の情報に基づき，正確を期するよう，執筆者，監修・編者ならびに出版社はそれぞれ最善の努力を払っております．しかし科学・医学・医療の進歩により，定義や概念，技術の操作方法や診療の方針が変更となり，本書をご使用になる時点においては記載された内容が正確かつ完全ではなくなる場合がございます．また，本書に記載されている企業名や商品名，URL等の情報が予告なく変更される場合もございますのでご了承ください．

はじめに

　皆さんは【炎症】という言葉からどのような現象を思い浮かべられるでしょうか？手に傷を負い，出血が止まった後，周辺が腫れ上がり，ときには熱感，疼痛を感じながら1週間ぐらいで治癒して行く過程（創傷治癒）や，虫さされや創傷部位の感染後，局所における同様な変化を日常的に経験されているだろうし，また風邪をひいたときに経験する喉やリンパ節の腫れなどを思い浮かべられるかもしれません．このような炎症は，体にとって最も基本的な生体防御反応であり，さまざまな外敵から体を守るために必要な生命現象です．一方，このようなわかりやすい外的な要因以外にも，筋肉痛が起きるような過度な運動や持続的過食による肥満など，内的な要因によっても炎症が起きます．

　最近では炎症の原因は実に多岐にわたり，また炎症がさまざまな疾患の基盤をなしていることがわかってきています．炎症を起こす内的・外的ストレス侵襲（物理・化学的，病原微生物などによる生体侵襲をストレス侵襲という）が組織に起きると，血管内を循環する好中球やマクロファージなどの白血球が組織の異常を感知し，炎症の場（侵襲物が存在する所）に浸潤（白血球が血管の中から組織に移行すること）し，侵襲物を異物として認識，貪食処理することから炎症がはじまります．炎症の場では，活性化した白血球が産生，分泌するさまざまな炎症介在因子は，局所の炎症反応を加速するのみならず全身的にも作用し，発熱を引き起こし，肝臓における急性期相タンパク質の産生を誘導し，ホルモン・神経系・代謝などへさまざまな影響を及ぼします．すなわち，炎症はストレス侵襲が起きた局所のみで完結する現象ではなく，全身の細胞や組織・臓器が密接に連携して侵襲物に対処しようとする仕組みと言えます．従来の免疫学においては，狭い意味では抗原特異的生体反応である獲得免疫のみを免疫とよんでいましたが，最近では抗原非特異的炎症反応を自然免疫とよぶようになってきました．近年，炎症（自然免疫）と免疫反応を時間的・空間的にも，概念的にも一体のものとして捉えるようになってきており，それらの分子・細胞基盤も明らかになってきています．炎症という言葉と免疫という言葉は，もはや同義語，いや炎症は免疫をも包括すると言ってもよいでしょう．

　炎症は，従来はいたって単純な，限られた細胞による生体反応として漠然と捉えられてきましたが，近年の生命科学研究の進歩とともに炎症に関与する細胞，介在因子，細胞内情報伝達機序，遺伝子発現制御，細胞移動機序，細胞間相互作用などの非常に複雑な仕組みが解明され，さらに生体工学技術や細胞動態の可視化などを通して炎症の疾患発症・病態との関連がより実態あるものとして，生き生きと捉えることができるようになりました．

これらのなかで，とりわけ近年の炎症研究分野において大きな，特筆すべき進展として次に述べるようなことがあります．

1) 炎症反応時の特異的白血球浸潤機序がケモカインと細胞接着因子の発見とそれらの機能解析により解明されました．

2) 抗原提示細胞の主役が樹状細胞であり，ケモカインによるダイナミックな制御が明らかになり，炎症（自然免疫）反応と獲得免疫反応の時間的・空間的連結という新たな概念が確立しました．

3) エンドトキシンLPSの受容体がTLR4であることが判明したことを契機に多数の病原体由来成分を認識するPRRsが同定され，これらの受容体がかかわる細胞内シグナル伝達機構が解明されました．PRRsを刺激する物質中には，必ずしも病原体由来因子に限らず体の中に存在する種々の内因性物質も含まれることがわかり，死細胞から放出される核酸，タンパク質（これらをまとめてアラーミンと称します）もさまざまな炎症反応・疾患に深く関与することが明らかになって来ました．

4) PRRのうち細胞内受容体NLRsの情報伝達機構としてのインフラマソームの存在が明らかになり，遺伝的変異によるインフラマソーム関連分子の恒常的活性化が今まで原因不明であったさまざまな周期的不明熱を発する疾患の原因であり，IL-1β阻害剤がこれらの疾患に著効を呈することがわかりました．これらの病気をまとめて自己炎症症候群とよぶようになり新しい疾患概念が生まれました．また，アラーミンなどによる非感染性（必ずしも病原微生物の感染を伴わない）の炎症という意味で無菌的炎症という，概念・名称も誕生しました．

5) 皮膚・気道上皮の壊死細胞は，danger signalとして機能するDAMPsのみならず，強力な生理活性作用を有するサイトカインも放出します．これらのサイトカインは，獲得免疫細胞であるT/B細胞の関与なくしてもTh2サイトカインを誘導し好酸球性炎症を惹起することがあり，その主役となる細胞として新たに自然リンパ球の存在が明らかになりました．

6) 特定の腸内細菌叢およびそれらの代謝産物が，腸管局所のみならず全身の炎症・免疫細胞，組織細胞に作用し，アレルギー疾患，自己免疫疾患，がんの発生・治療にまで大きな影響を与えることがわかってきました．さらに，全身の栄養状態・代謝状態に加え，さまざまな炎症・免疫細胞の細胞内代謝がこれらの細胞の機能調節に重要なかかわりを有することも判明してきています．

7) 炎症・免疫反応制御分子であるサイトカインなどを標的とした生物製剤（とりわけ抗体）が慢性炎症疾患，がん治療などにおいて劇的な効果を示し，従来の治療法・疾患概念を根本的に変革する，というEpoch makingな炎症学における変革の時代が訪れました．

本書籍では，これらの炎症研究の動向を背景に医学・薬学・その他の医療分野・生物系の学部学生や医学・生命科学研究をはじめて間もない修士・博士課程の学生，若い研究者を主な対象として，炎症の基本中の基本である炎症機序から最近の炎症研究分野に由来する疾患治療薬の話題まで包括的に，できるだけ易しく紹介しています．

2019年4月

著者を代表して
松島 綱治

参考図書（本書全体を通して）

1）『Inflammation: Basic Principles and Clinical Correlates, 1st Edition 』（Gallin JI, et al, eds），Raven Press, 1988

2）『Inflammation: From Molecular and Cellular Mechanisms to the Clinic』（Cavaillon JM & Singer M, eds），Wiley - VCH, 2017

3）『実験医学増刊（Vol.32 No.17）　炎症—全体像を知り慢性疾患を制御する』（松島綱治/編），羊土社，2014

4）『Anderson's Pathology, 10th Edition』（Damjanov I & Linder J, eds），CRC Press, 1995

5）『Molecular Biology of the Cell, 6th Edition』（Alberts B, et al, eds），Garland Science, 2014

6）『Lehninger Principles of Biochemistry, 7th Edition』（Nelson DL & Cox MM, eds），W.H. FREEMAN & CO, 2017

7）『改訂版 分子予防環境医学』（分子予防環境医学研究会/編），本の泉社，2010

8）『Cellular and Molecular Immunology, 9th Edition 』（Abbas AK, et al, eds），Elsevier, 2017

9）『分子細胞免疫学 原著第7版』（Abbas AK, 他/著，松島綱治，山田幸宏/訳），エルゼビア，2014

10）『Basic Immunology, 5th Edition』（Abbas AK, et al, eds），Elsevier, 2015

11）『基礎免疫学 原著第5版』（Abbas AK, 他/著，松島綱治，山田幸宏/訳），エルゼビア，2016

12）『Immunology for Medical Students, 3rd Edition』（Helbert M, ed），Elsevier, 2016

実験医学別冊

もっとよくわかる！
炎症と疾患

- はじめに *3*

1章　炎症の基本　　　　　　　　　　　　　　　　　　　　　　*9*

1. 炎症とは諸刃の剣 *10*
2. 病気とは *11*
3. 炎症の経過 *12*
4. 炎症の組織学観察 *13*
5. 白血球はどのようにして炎症組織を見つけ浸潤するのか？ *14*

2章　炎症・免疫反応にかかわるさまざまな白血球　　*19*

1. 自然免疫 *20*
2. 局所炎症から全身性の応答へ―自然免疫と獲得免疫 *33*
3. 獲得免疫 *41*
4. 新しい免疫細胞―自然リンパ球（ILC） *55*
5. 炎症と免疫細胞の代謝 *58*

3章 さまざまな炎症介在因子　　65

1. サイトカイン ………………………………………………………………… 66
2. 白血球遊走活性を有するケモカイン …………………………………… 83
3. 脂質メディエーター ……………………………………………………… 86
4. 補体 …………………………………………………………………………… 89
5. メタロプロテアーゼ ……………………………………………………… 91
6. ストレス応答，活性酸素 ………………………………………………… 94

4章 炎症特有の病態・症状　　99

1. 痛み・かゆみ ……………………………………………………………… 100
2. 創傷治癒の過程における肉芽組織形成機序 ………………………… 104
3. 血管新生 …………………………………………………………………… 104
4. 肉芽腫 ……………………………………………………………………… 107
5. 線維化 ……………………………………………………………………… 108
6. 腸内細菌叢と炎症 ………………………………………………………… 114
7. 細胞死と炎症 ……………………………………………………………… 116
8. 肥満も炎症 ………………………………………………………………… 118
9. 老化と炎症 ………………………………………………………………… 120
10. 敗血症 ……………………………………………………………………… 122

5章 炎症難病治療を変革したサイトカイン抗体療法　　127

1. 関節リウマチ ……………………………………………………………… 128
2. 乾癬 ………………………………………………………………………… 129
3. 自己炎症症候群 …………………………………………………………… 130
4. IBD …………………………………………………………………………… 132

6 章　がんも炎症性疾患：
がん微小環境の炎症制御によるがん治療　135

1. がん研究の歴史，流れ　136
2. がんの免疫療法の歴史　138
3. 今後のがん免疫療法　140

● おわりに　142
● 索引　143

Column

- 遺伝子再編成　41
- さまざまな源流，歴史を有するサイトカイン：インターフェロン研究の歴史　66
- 腫瘍壊死因子 TNF の発見史　69
- IL-6 発見の歴史　76
- メサンギウム細胞　76
- サイトカイン研究における歴史的な教訓　82
- サイトカインハンティングの時代的背景　82
- GPI アンカー型タンパク質　92
- アラーミン　102
- サイトカインストーム (cytokine storm)　140

第1章
炎症の基本

第1章

炎症の基本

1 炎症とは諸刃の剣

　私たちの体は日々，体の内外からさまざまな**ストレス侵襲**を受けています．体の外部からは，細菌・ウイルス・カビなどの病原微生物やスギ花粉などのアレルゲン，自然界に存在する紫外線・放射線などにさらされています．また，生活・労働環境においてもシリカやアスベスト繊維，カドミウムなどの重金属，化学物質にさらされるなど，さまざまな侵襲を受けています．一方，体の内部からは栄養分の過剰摂取や代謝異常による尿酸結晶・コレステロール結晶などの過剰な蓄積，脂質の過酸化，変性・異常タンパク質の蓄積，死細胞からの核酸・核タンパク質の放出，さらに自己免疫応答やがん（悪性腫瘍）などによっても侵襲を受けています．このような体の内外からの侵襲を免疫系が中心となって認識し，排除する生体防御反応が炎症です．**本来，炎症・免疫反応は，これらのストレスから私たちの体を守るための重要な生体防御反応**として惹起されるシステムですが，**過剰な長期にわたる炎症反応は徐々に生体組織にダメージを蓄積し，自覚を伴わない未病状態（後述）を経て体調不良を伴う病気・疾**

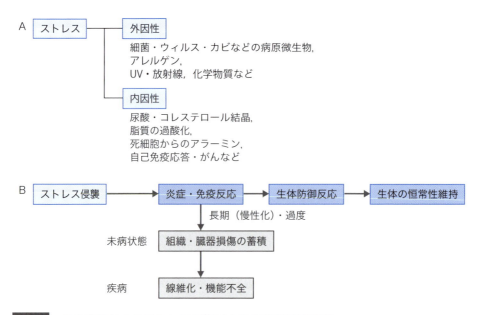

図1　体の内外からのストレス侵襲による疾病発症の過程

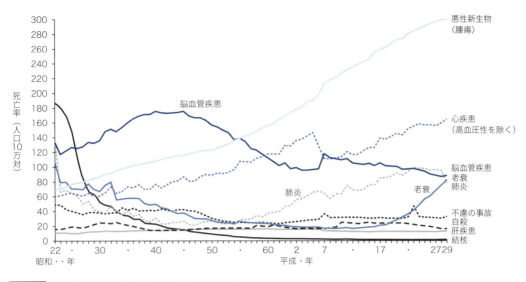

図2 日本人の疾病構造, 死因の移り変わり

国民の栄養水準・生活環境の向上とともに, 結核死亡率は大幅に低下し, 1950年代(昭和30年頃)には悪性新生物(がん), 心疾患, 脳血管疾患(3大死因)が死因の上位を占めるようになった. 文献1より引用.

病状態, ついには臓器線維化などを伴う不可逆的な組織・臓器障害を引き起こします(図1).

いまだ治療法の確立していない線維化疾患や自己免疫疾患, アレルギー, 動脈硬化症, アルツハイマー病などの炎症・免疫難病のみならず, **ヒトの疾患・死因の大半は炎症性疾患**です(図2). 炎症反応は病気の発症, 病態, 症状, 予後を大きく左右します. その機序を理解し, 制御法を確立することは病理学, 臨床医学のみならず予防医学においても最も基本的で重要なことです.

2 病気とは

病気とは, 心や体の不調が生じている状態であり, **英語ではillness(体調, 気分が悪い状態), sickness(病気, 体調不良状態), diseases(確立した疾患)** と使い分けられます. Sicknessは, illnessとdiseasesの中間であり, どちらかというとillnessは主観的でdiseaseは客観的に定義・表現されます. 私たちの体は絶えずさまざまな異物侵襲を受け, 炎症・免疫, 神経, 内分泌システムが巧みに協働して体の恒常性(homeostasis)を維持しようとします. しかし, ストレス侵襲が一定の閾値(量, 時間)を超えると, その恒常性が維持できなくなりついには破綻することで, 臓器障害が生じ, 不可逆的変化(線維症による臓器機能不全など)が起きます. 循環論法ではありますが, **病気とは健康な状態(恒常性が維持された状態)がシフトし不可逆的に健康が損なわれた状態**と定義できます.

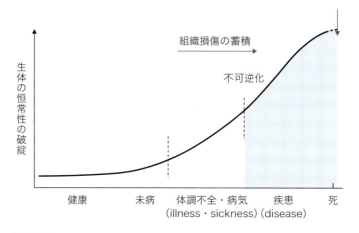

図3 健康と疾患

　しかし，世界保健機関（WHO）憲章（1946年）では"Health is a state of complete physical, mental, and social well-being（安寧，幸福）and not merely the absence of disease or infirmity（虚弱）"と記載されているように，健康とは単に病気でないとか，虚弱状態でないという狭い範囲では定義しておらず肉体的・精神的・社会的幸福度において完全な状態と定義しています．

　一方，**中国医学では，生体の恒常性が完全に保たれている状態が健康であり，恒常性が崩れかけている状態を未病状態とし，恒常性が崩れ不可逆的になっている状態を病気**と定義しております（図3）．

　今後の，医学研究，とくに予防医学の観点においては客観的に疾患の未病状態・疾患の初期状態を捉え，分子レベルで定義し，特異的分子・細胞を標的とした疾患発症を早い段階で食い止める術を見出すことが重要と思われます．

3 炎症の経過

　古代ローマのケルスス（Aulus Cornelius Celsus，紀元前25年〜西暦50年頃）は，生体にストレス侵襲がかかった際に起きる**炎症の4徴候を発赤，腫脹，（局所の）発熱，疼痛**（rubor et tumor cum calore et dolor）として記載しました．この4徴候にローマ帝国のガレーノス（Claudius Galenus，西暦129〜200年頃）が**機能障害**を加え，時には**炎症の5徴候**と呼ぶ場合もあります．

　時間軸で炎症の進行過程を追うと，感染や外傷が起きた組織では，まず血管から漏出した凝固因子，キニノーゲン，補体などの血漿成分が発赤，腫脹，（局所の）発熱，疼痛などの即時反応を秒単位で引き起こします．とりわけ血漿キニノーゲンの分解により生成されるブラジキニンは，発赤や腫脹の原因となる血管拡張と血管透過性を亢

進する主要な因子であるとともに，強力な疼痛の誘導因子でもあります．これに続く分単位の初期反応では，血小板活性化因子（platelet-activating factor：PAF），ロイコトリエンなどの脂質因子，ヒスタミン，セロトニン，ニューロペプチドなどが関与して血管拡張と血管透過性をさらに亢進します．分単位の初期反応に引き続いて起きる分・時間単位の急性反応期には，サイトカイン，ケモカインなどのタンパク質性生理活性物質が重要な介在因子となり，好中球の組織浸潤が起こった後，数日単位の慢性反応期に移行するととともにマクロファージやリンパ球浸潤が主になります．

4 炎症の組織学観察[2)3)]

前述の血管拡張や血管透過性の亢進は大きい動脈，静脈で起きるのではなく，原則として毛細血管，特に静脈性毛細血管が集合した後の**後毛細管細静脈**（postcapillary venule）とよばれる領域を起点としてはじまります（**図4**）．後毛細管細静脈は，円周が数個の比較的背の高い内皮細胞によって構成される特殊な血管部位であり，白血球の組織浸潤の入り口としても重要な役割を担います．**炎症に伴い傷害部位で産生されたさまざまな因子が後毛細管細静脈内皮細胞に作用すると血管拡張と血管透過性の亢進が起き，さらに血流量が増加することで血漿成分の滲出と組織内物質の除去が活性化します．**一方で，**血流速度は低下するため血管内をパトロールしている白血球の組織浸潤が促進されます**．炎症組織で浸潤白血球が産生するさまざまな炎症介在因子は神経系や内分泌系に作用するとともに，血液循環を介して全身的に作用することで，全身の発熱，内分泌ホルモン産生・耐糖能異常，血管の拡張・心拍出量の変化などの

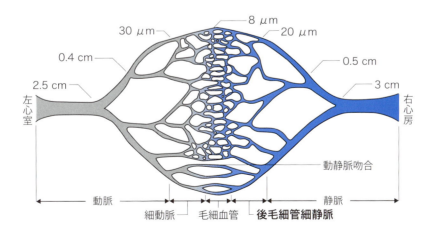

図4 血管系の模式図
数字は各血管の直径（平均値）を示す．

質的変化，精神的うつ状態の誘導，肝臓における急性期相タンパク質[※1]産生などさまざまな影響を与えます．また，炎症組織から異物や傷害が除去されるまでの，血流を介した白血球の炎症組織への供給は，骨髄などの1次リンパ組織やリンパ節を中心とした2次リンパ組織で白血球の産生が亢進することで維持されます．すなわち，炎症は局所に限定されるものではなく，さまざまな臓器を巻き込んだ全身的な生体防御反応と言えます．

5 白血球はどのようにして炎症組織を見つけ浸潤するのか？

　好中球，好酸球，好塩基球，単球，リンパ球など機能の異なる白血球サブセットが時期や部位に応じて適切に組織浸潤することは生体防御応答としての炎症反応成立に必須です．では，このような特異性はどのような分子機序によって規定されているのでしょうか？

　この炎症学における長年の疑問を解明する端緒となったのが，本書筆者の松島と，吉村禛造らによる白血球走化性サイトカインである**ケモカイン**の発見です[4) 5)]．ケモカインは7回膜貫通型Gタンパク質共役受容体を介して白血球遊走作用を発現する塩基性タンパク質群です．また，白血球の組織浸潤制御にはレクチン型糖タンパク質のセレクチンと，α鎖とβ鎖の2つのサブユニットからなるヘテロダイマー細胞膜貫通型タンパク質であるインテグリンという，2つの細胞接着因子が関与します．炎症環境に応じて血管内皮細胞表面上に発現する細胞接着因子群とケモカイン，ならびに白血球サブセット特異的に発現する細胞接着因子およびケモカイン受容体の組合わせによって，白血球浸潤の特異性が規定されていることが判りました．

　局所炎症の急性期において主役となる好中球の**組織浸潤**を一例にとってみましょう（**図5**）．好中球の細胞表面にはL-セレクチンが恒常的に発現しており，血管内皮上に恒常的に，または炎症誘導性に発現するシアロムチンと弱く結合します．血流の流速が低下した後毛細管細静脈において，L-セレクチンとシアロムチンは結合と解離をくり返すことで好中球を血管内皮上に接着させるとともにブレーキとして働き，好中球が内皮細胞上をころがるような，ローリング（rolling）またはテザリング（tethering）とよばれる現象が観られます．炎症が起きていない組織では，好中球は後毛細管細静脈を通り過ぎますが，炎症組織の後毛細管細静脈には，組織内で産生されたIL-8（CXCL8）などの塩基性ケモカインが酸性のヘパラン硫酸グリカンに吸着しており，ローリング中の好中球が発現するケモカイン受容体CXCR1，CXCR2に活性化シグナルを入れます．すると，好中球が発現するインテグリンαMβ2複合体（Mac-1，

[※1] 急性期相タンパク質：炎症の急性期に肝臓から血清中に放出される量が増減するタンパク質の総称であり，臨床検査において炎症マーカーとして使われるC反応性タンパク質（CRP）などが含まれます．

14　もっとよくわかる！炎症と疾患

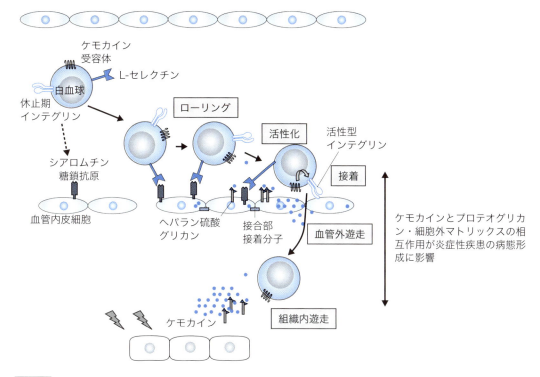

図5 白血球の組織浸潤機序

CD11b-CD18）の立体構造が変化し（inside-out signaling），血管内皮細胞上に発現するインテグリンICAM-1との親和性が上昇することで，好中球と血管内皮の強固な接着が誘導されます．なお，ICAM-1の発現も炎症により活性化した血管内皮上で増強します．好中球はその後，血管内皮細胞間をくぐり抜け（transendothelial migration），VI型コラーゲンからなる基底膜を分解し，侵襲物が存在する炎症の中心に移動します（図5）．近年では，transendothelial migrationにかかわる接合部接着因子JAM（junctional adhesion molecule）などの分子群も明らかになっています（図6）．インテグリンβ2欠損・機能異常として知られるLAD（leukocyte adhesion deficiency）患者においては，好中球浸潤が障害されるため，細菌・真菌感染症が遷延し長く生きることができないケースが多く重症の場合は治療として造血幹細胞移植が行われることがあります．

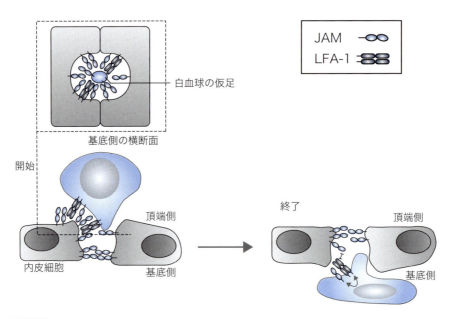

図6 Transendothelial migration のメカニズム

🔍 もっと詳しく

●組織に浸潤した好中球はどのように侵襲部位へ近づくか？[6]

　炎症組織に浸潤した好中球は，一様に細菌などが存在する感染部位へ向かって組織内を移動し，異物を貪食処理しますが，このきわめて効率的な好中球の組織内移動制御の細胞・分子機序が明らかになってきました（**図7**）．組織傷害後の好中球の様子を経時的に観察すると，まず近傍にいた少数の好中球が侵襲部位で産生される細胞遊走因子を感知し，移動，集積します．侵襲部位でこれら少数の好中球が死ぬ際に産生される細胞遊走シグナルはさらに近傍組織の好中球の集積を誘導します．集積した好中球が産生する脂質因子LTB4（leukotriene B4）は，細胞遊走シグナルを増幅し，より広い範囲から好中球を強力かつすみやかによび寄せることで，好中球浸潤を増幅します．集積した好中球は侵襲部位のコラーゲン線維ネットワークを再構成しながら侵襲の中心部にコラーゲンの存在しない領域をつくり，密度の高い好中球の集積部位をつくり出します．その後，好中球の集積した部位を囲むよう再編成されたコラーゲン線維の辺縁部に単球やマクロファージが集積するのに従い，好中球集積部位の拡大は停止し，炎症の主体がマクロファージやリンパ球などへと移り変わっていきます．

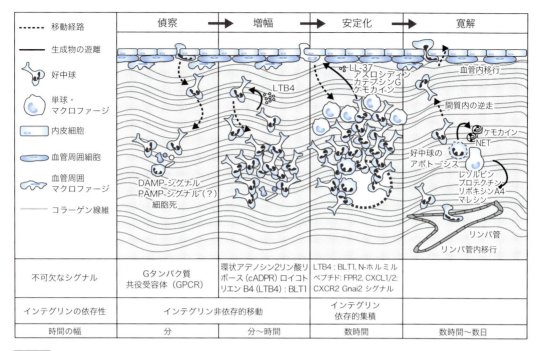

図7 組織に浸潤した好中球はどのように侵襲部位へ近づくか？

文献6より引用.

文献

1) 平成29年（2017）人口動態統計（厚生労働省）；https://www.mhlw.go.jp/toukei/saikin/hw/jinkou/geppo/nengai17/dl/kekka.pdf
2) 『リンパ管：形態・機能・発生』（大谷 修，他/編），西村書店，1997
3) 『分子細胞免疫学 原著第7版』（Abbas AK，他/著，松島綱治，山田幸宏/訳），エルゼビア，2014
4) T. Yoshimura et al. PNAS December 1, 1987 84 (24) 9233–9237; https://doi.org/10.1073/pnas.84.24.9233
5) Attracting Attention：Discovery of IL–8/CXCL8 and the Birth of the Chemokine Field Bethany B. Moore and Steven L. Kunkel J Immunol 2019 202：3–4
6) Tan SY & Weninger W：Curr Opin Immunol, 44：34–42, 2017

第2章

炎症・免疫反応にかかわるさまざまな白血球

第2章

炎症・免疫反応にかかわる さまざまな白血球

1 自然免疫

1）さまざまな自然免疫細胞

好中球浸潤にはじまる一連の炎症の惹起，増幅，収束といった過程には，後述するように**自然免疫系**と**獲得免疫系**に属するさまざまな白血球サブセットが関与します．自然免疫は，異物がもつ大雑把なパターンを認識する受容体を介して作動する生体防御システムです．一方，獲得免疫は，膨大な種類の抗原受容体を介して自己と非自己がもつさまざまな抗原を見分け，非自己に対して選択的に作動する生体防御システムです．ここではまず自然免疫系に分類される代表的な白血球サブセットの概要を紹介します（**表1**）．

◆ 好中球

好中球（neutrophil）は，アニリン色素に対する細胞内顆粒の染色性の違いから，血液中の顆粒球を好中球，好塩基球，好酸球に分類したPaul Ehrlichにより1879年に発見されました（**表2**）．ヒト成人の末梢血白血球の50〜70％を占める分葉核[※1]をもつ中型の細胞であり，多形核白血球ともよばれます．好中球は骨髄で産生され，数日間をかけて成熟した後，末梢血循環へ入ります．末梢血における残存時間はおおむね10時間程度とされており，この間に血液循環を通じて全身をパトロールし，炎症が起きるとすみやかに炎症組織に浸潤します．好中球はその細胞質内にリゾチーム，コラゲナーゼ，エラスターゼなどのタンパク質分解酵素を多量に含む特殊顆粒と，ディフェンシンなどの殺菌性物質を含むリソソーム（水解小胞）をもっています．炎症組織においてこれらの細胞内顆粒が放出されると，血管内皮を裏打ちする基底膜や細胞外マトリックスが分解されることにより，白血球の組織浸潤や血管新生，組織のリモデリングが促進されます．その他にも好中球はさまざまな炎症性サイトカイン，ケモカインを産生することで炎症応答を促進します．

[※1] 分葉核：臨床検査などで血液や骨髄に含まれる白血球の種類を識別するために，細胞の大きさ，細胞核の形態，含有する顆粒の有無や性質などの観察が行われます．好中球などの顆粒球は，増殖能をもった前駆細胞から成熟していく過程で，核の形状が円形・楕円形から細長い曲がった棒状の核（桿状核）を経て，核が2つ以上にちぎれて細い糸状のクロマチンでつながれたように見える分葉核をもつようになります．分葉核は顆粒球に特徴的な形態であり，円形の核をもつリンパ球や，陥凹しているような形状（腎臓や馬の蹄のような形）の核をもつ単球と顆粒球を見分ける重要な指標になります．

20 　もっとよくわかる！炎症と疾患

表1 主な白血球サブセット

種類	イメージ図	成人の血中存在頻度（正常値）	主な役割	核型	顆粒の有無と染色性	寿命
好中球		40〜70%	細菌類の貪食・殺菌	桿状, 分葉	ピンクに染まる好中性顆粒	血中で1日以内
好酸球		1〜5%	寄生虫の排除 アレルギー反応	分葉	赤〜オレンジに染まる好酸性顆粒	血中で1〜2日 一部の末梢組織では月単位で維持される
好塩基球		1%以下	寄生虫の排除 アレルギー反応	不定形	紫に染まる好塩基性顆粒	血中で1〜3日程度
リンパ球		20〜50%	B細胞：抗体による異物排除 CD4$^+$T細胞：抗体産生の促進, 免疫制御 CD8$^+$T細胞：細胞傷害による異物排除	球状	なし	血液・リンパ循環および末梢組織において月単位で維持される
単球		0〜10%	組織浸潤後にマクロファージとして働く	豆型, 馬蹄型		血中で1日以内
マクロファージ		-	生体異物や老廃物の貪食・排除, 炎症制御	不定形		末梢組織で数日〜数カ月
樹状細胞		-	T細胞への抗原提示	球状, 不定形		末梢組織で数日〜1週間程度
形質細胞様樹状細胞		1%以下	ウィルスに対する感染防御 自己免疫の増悪	球状, 楕円形		末梢組織で数日〜数週間程度
マスト細胞		-	細菌・寄生虫の排除 アレルギー反応	球状, 豆型	紫に染まる好塩基性顆粒	末梢組織で数カ月
NK細胞		2〜5%	がん細胞の排除 免疫応答の誘導	球状	有	末梢組織で数週間〜数カ月

第2章

炎症・免疫反応にかかわる さまざまな白血球

表2 主な炎症／免疫細胞の発見年表

1863	アメーバ様細胞としてマクロファージを報告	von Recklinghausen, 他
1868	表皮に存在する神経細胞の一種としてLangerhans細胞を報告	P. Langerhans
1879	アニリン染色により好中球, 好酸球, 好塩基球, マスト細胞を同定	P. Ehrlich, 他
1892	貪食細胞としてマクロファージ, 好中球, ミクロファージを報告	I. Metchnikott, 他
1961	胸腺細胞由来細胞が移植免疫における拒絶に関与することを報告（T細胞の発見）	J. Miller, 他
1960年代～1970年代後半	胸腺細胞に骨髄細胞の抗体産生を促進する細胞があることを報告（CD4/CD8の同定）	J. Miller, 他
1965	ニワトリのファブリシウス嚢（Bursa of Fabricius）由来細胞が抗体産生を担うことを発見（B細胞の発見）	M.D. Cooper, 他
1973	ナチュラルキラー細胞（NK細胞）の同定	E. Klein, R. Herberman, 仙道富士郎, 他
1973	樹状細胞（dendritic cell : DC）の発見	R. Steinman, 他
1983	Natural Interferon producing cell（現在のpDC）の報告	L. Rönnblom, 他
1986	NKT細胞の同定	谷口克, 他
1989	Plasmacytoid T cellの報告	F. Eckert, U. Schmid
1989	CD4[+]T細胞の機能的サブセットとしてTh1/2分類の提唱	T.R. Mosmann, R.L. Coffman, 他
1995	制御性T細胞の発見	坂口志文, 他
1999	pDC（plasmacytoid DC）の同定	Y.J. Liu, 他
2006	CD4[+]T細胞の新たなサブセットTh17の発見	C.T. Weaver, 他
2010	Natural helper/ILC2の発見	茂呂和世, 小安重夫, 他

◆ **好酸球**[1]

　好酸球（eosinophil granulocytes）は，ヒト成人末梢血白血球の2～5％を占める，好酸性顆粒と分葉核をもつ細胞です．骨髄における好酸球の産生と成熟には3～4日を要し，末梢血中での残存時間はおよそ1～2日程度とされています．一方，組織に浸潤した好酸球の寿命は比較的長いことが示唆されています．好酸球の顆粒には，寄生虫などに対して傷害性を示すタンパク質が含まれており，寄生虫に対する感染防御に重要な役割を果たしますが，一方で組織構成細胞に対しても傷害性を示すため，Ⅰ型アレルギー反応（次項参照）では組織傷害を誘導するエフェクター細胞にもなります．好酸球は骨髄で産生されますが，その主な増殖因子であるサイトカインIL-3，IL-5はCD4[+]T細胞やILC2が主に産生します．活性化したCD4[+]T細胞からのIL-3やIL-5の産生は，炎症の主体が自然免疫から獲得免疫に移行した炎症の後期に起こることを考えると，好酸球は炎症初期だけではなく獲得免疫系が活性化した炎症の後期・慢性期にも働く細胞といえます．

◆ **マスト細胞（肥満細胞）**[2]

　マスト細胞（mast cell）は，1863年にvon Recklinghausenにより発見され，1879

22　　もっとよくわかる！炎症と疾患

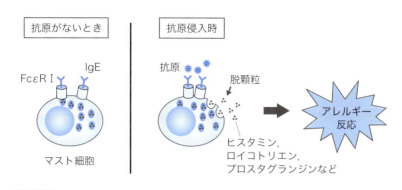

図1 マスト細胞・好塩基球の活性化と脱顆粒

　年にPaul Ehrlichにより命名された皮膚や粘膜上皮に存在する骨髄由来細胞であり，細胞質にヒスタミンをはじめとした炎症介在因子が充満した大量の顆粒をもっています．健常人では，成熟したマスト細胞は血液中に存在しません．マスト細胞の産生・分化・維持に関しては，他の細胞種と比較して未解明な点が多く残されていますが，末梢組織における残存時間は長く，炎症組織においても2週間程度，正常組織では寿命が月単位とされています．マスト細胞は，細胞表面にIgEの高親和性受容体であるFcε受容体Ⅰ（FcεRⅠ）を発現しており，アレルゲンや細菌，寄生虫などに反応するIgE抗体を常時細胞表面上に結合させることで，これらの抗原の再侵入を監視しています．IgE抗体に反応する抗原が生体内に侵入し，Fcε受容体Ⅰを介してマスト細胞に刺激が入ると，細胞質の顆粒が細胞外へ放出されます（**脱顆粒，図1**）．顆粒内の炎症介在因子（ヒスタミン，ロイコトリエン，プロスタグランジンなど）が周辺の平滑筋や血管などに作用すると，血管透過性の亢進，気道粘膜の浮腫，気道平滑筋収縮などのⅠ型アレルギー反応の初期病態が誘導されると考えられています．このようなアレルギー症状は生体にとって好ましいものではありませんが，一方でマスト細胞は細菌，寄生虫などに対してすみやかに炎症を惹起する司令塔としての働きを担っているとも考えられています．

◆ 好塩基球

　好塩基球（basophil）は，ヒト成人末梢血白血球の1％以下と比較的マイナーな白血球であり，好塩基性顆粒と不定形の核をもっています．骨髄で分化，成熟した後，末梢血循環に入り，末梢血でのターンオーバーは1〜3日程度とされています．通常は末梢組織には存在しませんが，炎症が起きると末梢組織に浸潤します．マスト細胞と同様にFcε受容体Ⅰを発現しており，アレルギー反応や細菌，寄生虫感染などの際に抗原刺激を受けると脱顆粒を起こし，ヒスタミンなどの炎症介在因子を周辺に供給することで炎症を誘発します．好塩基球はマスト細胞のバックアップ的な細胞と考えられていましたが，2005年頃から好塩基球に特有の機能も明らかになり，炎症研究においても注目されている細胞の1つです．例えば，抗原特異的IgEをもつマウスの耳

に特異抗原を投与する遅延型過敏症モデルでは，即時型アレルギー性腫脹（抗原投与30分以内に起こる第1相と数時間後に起こる第2相）が生じた後，腫脹はいったん治まりますが，抗原投与後2日目から4日目にかけて再度より強い腫脹が生じます（第3相）．この第3相の皮膚組織には好酸球を含む強い細胞浸潤が認められ，外界に接する表皮では，ケラチノサイト（角化細胞）の増殖がさかんになることで表皮が厚くなるといった慢性アレルギー炎症の病理像がみられます．この慢性アレルギー炎症には，IgE/Fcε受容体Iの架橋により活性化した好塩基球がサイトカインやケモカインなどを産生し，直接または自然リンパ球などの活性化を介してさまざまな炎症細胞の浸潤を誘導していることが明らかになっています．ハウスダストに含まれるダニ抗原などで誘導されるアレルギー性喘息においても，IgE/Fcε受容体Iの架橋により活性化した好塩基球から産生されるIL-4が自然リンパ球を活性化し，病態を増悪させることが報告されています．

◆ 単球／マクロファージ[3) 4)]

　マクロファージ（macrophage，Mφ，大食細胞）は，1892年に自然免疫の父ともよばれるIlya Ilyich Metchnikoffにより，侵襲部位に集積して組織片などを貪食するアメーバー様の細胞として最初に記載されました．組織侵襲にはじまる一連の炎症・免疫反応において，マクロファージの前駆細胞である単球は好中球に続いて炎症部位へ動員される貪食細胞です（**組織浸潤した単球はマクロファージとよぶ**）．なお，単球はヒト末梢血白血球の2〜10％程度を占める大型の細胞であり，腎形や馬蹄形などの特徴的な形態の核をもっています．組織に浸潤したマクロファージは，異物を貪食して排除するだけではなく，炎症の増幅と収束，および性質の決定にも重要な役割を担います．マクロファージの役割を理解するためには，マクロファージの分類と起源について知っておいた方がよいでしょう．

　病理学者は，マクロファージの起源，すなわち「発生段階のどの時点で出現し，どのように末梢組織や炎症部位へ動員されるのか？」という疑問を永く抱いていました．1968年にvan Furthらが"単核食細胞系（mononuclear phagocyte system）"学説を提唱して以降，全身に分布するすべてのマクロファージは骨髄由来単球から分化するという考えが主流でした．しかし，現在では発生段階で末梢組織に定着し，成体では組織内でターンオーバーする"組織マクロファージ"（脳のミクログリアなど）と，単球が血液循環を介して末梢組織に浸潤した後分化する**単球由来マクロファージ**に分類されることが明らかになっています（**図2**）．組織マクロファージは，主に非炎症状態における組織の恒常的なターンオーバーの過程で生じる老廃物やアポトーシス細胞の除去に重要な役割を果たすと考えられています（**表3**）．一方，単球由来マクロファージは特に炎症早期に炎症部位へ大量に動員され，危険因子の貪食排除と，パターン認識受容体を介した炎症性のサイトカイン，ケモカイン産生による炎症の増幅，さらには後述するTh1/Th2/Th17/TregといったCD4$^+$T細胞の機能的分化を促進する環境

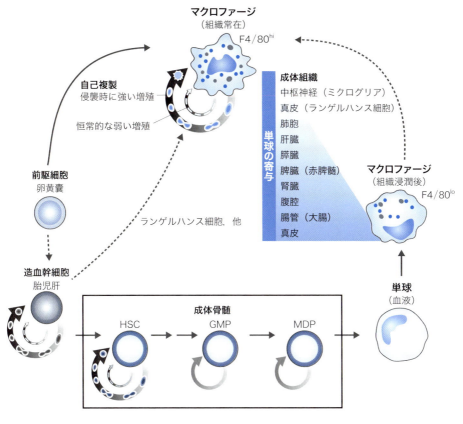

図2 マクロファージの起源

マウスにおいてマクロファージの同定に古くから使われてきた表面抗原であるF4/80は，組織浸潤した直後の単球由来マクロファージでは発現が低く（F4/80^{lo}），成熟に伴い発現が上昇する（F4/80^{hi}）．組織常在マクロファージはF4/80^{hi}である．HSC：造血幹細胞，GMP：顆粒球－単球前駆細胞，MDP：単球－樹状細胞前駆細胞．文献5より引用．

をつくることで獲得免疫系の性質決定に重要な役割を果たします．また，危険因子が排除された炎症後期には，アポトーシス細胞の貪食や抗炎症性サイトカインの産生により炎症の収束を促進する一方，間質系細胞に対する増殖因子やプロテアーゼ産生などを介して組織修復を促進することも示されています．

◆ 樹状細胞：自然免疫と獲得免疫の橋渡し役 [6)7)]

樹状細胞（dendritic cell：DC）は，T細胞に対する強い抗原提示機能を発揮する樹状突起をもつ免疫細胞です．1868年にPaul Langerhansは表皮に存在する樹状細胞を発見し，これは後にLangerhans cellと命名されました．その後100年を経て，1973年にRalph Steinmanにより，マウス脾臓においてマクロファージとは異なる，T細胞の活性化に重要な役割を果たす細胞として再発見され，樹状細胞と命名されました．早期の樹状細胞研究は，マウス脾臓を対象としたものが多く，細胞表面に発現する分子のパターンによりリンパ系樹状細胞や骨髄系樹状細胞などさまざまな樹状細胞サブ

表3 マクロファージの生理的・病理的役割

組織恒常性維持	臓器・組織		疾患病態構築
–	がん組織		腫瘍会合性マクロファージ（TAM），腫瘍増殖促進，免疫抑制
免疫監視，細胞残屑除去，神経細胞剪定・パターン形成	脳		神経性変性 Alzheimer病
免疫監視	皮膚		乾癬
免疫監視	腎		ループス腎炎 線維化
免疫監視，解毒，鉄・脂質代謝	肝		肝リピドーシス 線維化
免疫監視，過剰なサーファクタント除去	肺		肺胞蛋白症 線維化
免疫監視，平滑筋収縮調節	腸		炎症性腸疾患
生理的炎症，脂質分解	脂肪組織		病的炎症 肥満
骨・関節リモデリング	骨		骨粗鬆症 大理石病

文献4より引用．イラストは文献4を元に作成．

セットが提唱されました．これは，接着因子であるCD11c（インテグリンαX）が広く樹状細胞マーカーとして使われたため，CD11cを発現するCD8$^+$T細胞やマクロファージなども樹状細胞に分類されてしまったためと考えられます．現在一般的に用いられる樹状細胞サブセットは，機能に基づき大きく**形質細胞様樹状細胞**（plasmacytoid DC：pDC）と**通常型樹状細胞**（conventional DC：cDC）に分類され，cDCはさらにライフサイクルの異なる**遊走型樹状細胞**（migrating DC：mDC）と**常在型樹状細胞**（resident DC：rDC）に分類されます（**図3**）．なお，後述するようにpDCは"Ralph Steinmanが発見した樹状細胞"とは明確に異なる機能・形態をもった免疫担当細胞です．

　mDCとrDCはいずれも抗原提示能をもちますが，リンパ組織への遊走経路と抗原捕捉の様式は異なります．いずれの細胞も骨髄で前駆細胞に分化した後，血液循環に入って，mDCは血流から末梢組織へ浸潤した後，輸入リンパ管を通じてリンパ節へ流

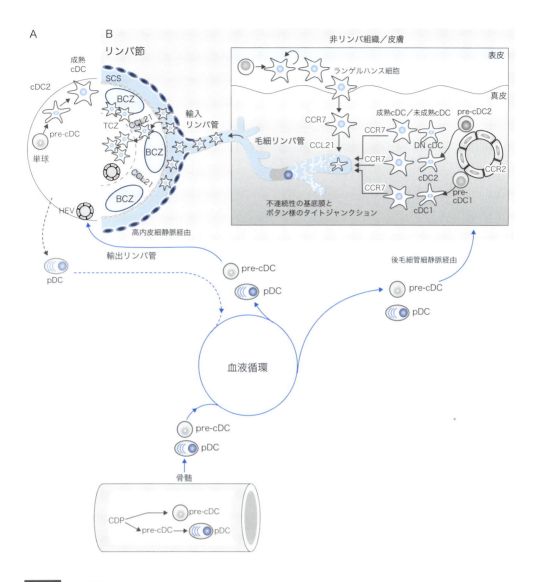

図3　樹状細胞サブセットとライフサイクル

骨髄において通常型樹状細胞（cDC）と形質細胞用樹状細胞（pDC）の共通前駆細胞（CDP）からcDC前駆細胞（pre-cDC）とpDCが分化します．pre-cDCとpDCはいずれも血液循環を介して皮膚などの末梢組織や，リンパ節などの二次リンパ組織に移行します．末梢組織に入ったpre-cDCは，ケモカイン受容体CCR7を発現する成熟cDCへ分化した後，ケモカインCCL21を発現する毛細リンパ管に入り，輸入リンパ管を通じてリンパ節へ移行します．リンパ節に到達したcDCは，CCL21の発現量が高いT細胞領域（TCZ）に集積し，T細胞に組織の抗原情報を提示します．なお，血液から末梢組織を経てリンパ行性にリンパ節に入ったcDCをmDC（migratory DC），末梢血から直接二次リンパ組織へ入ったcDCをrDC（resident DC）とよぶこともあります．また，cDCは骨髄における分化の際に機能の異なるcDC1, cDC2に分かれていることも示唆されています．BCZ：B細胞領域．文献6を元に作成．

入します（そのためmDCは輸入リンパ管のない脾臓には存在しません）．一方，rDCは血流から高内皮細静脈（high endothelial venule：HEV）を介して2次リンパ組織へ直接移行します．抗原捕捉の様式についても，mDCが末梢組織で細菌や細胞に由来

する抗原を貪食・プロセスした後，所属リンパ節へ移動してT細胞に対する抗原提示を行うのに対し，rDCは主にリンパ行性にリンパ節傍皮質領域に流入した可溶性分子または微粒子を捕捉してT細胞に抗原提示します．また，mDCはIFN-γを産生するCD4$^+$およびCD8$^+$T細胞の誘導に重要な役割を果たすIL-12の主要な産生細胞でもあります．T細胞に対する抗原提示は主にmDCが担い，例えばmDCのリンパ節への遊走に決定的な役割を果たすケモカイン受容体CCR7を欠損するマウスでは，rDCがリンパ節に存在するにもかかわらずリンパ節における早期のCD4$^+$およびCD8$^+$T細胞の反応は重度に障害されます．

📖 もっと詳しく

● サブセットによるDCのターンオーバー速度の違い

皮膚所属リンパ節に存在するmDCには，表皮のランゲルハンス細胞（Langerhans cell：LC）由来サブセットと真皮樹状細胞（dermal DC：derDC）が存在します．LCは組織マクロファージと同様に，非炎症状態では組織内で骨髄非依存的にターンオーバーしており，その入れ替わりは10日で約50％程度と遅い細胞です．一方，derDCは常時骨髄から血流を介して供給されており，5日間で約50％程度が入れ替わります．いずれのサブセットもリンパ節遊走後は増殖しません．

rDCサブセットはもっとターンオーバー速度が速いことが知られています．マウスにおいてrDCは免疫表現型によりCD8α$^+$およびCD8α$^-$サブセットに分類され，特に外来性抗原をMHCクラスIに提示するクロスプレゼンテーション（cross presentation）の能力が高いCD8α$^+$サブセットが注目されていますが，炎症応答におけるrDCの重要性については未解明な点が多く残されています．いずれのrDCサブセットもリンパ節内で数回細胞分裂することが報告されており，2日間で約50％が入れ替わるとされています．

◆ 形質細胞様樹状細胞[8)]

形質細胞様樹状細胞（plasmacytoid DC：pDC）は1999年にYong-Jun Liuらにより分類されたヒト成人末梢血白血球の1％以下を占める形質細胞様の細胞であり，リンパ組織，末梢組織にも常在しています．pDCは骨髄で増殖・分化した後，血流を介して2次リンパ組織や末梢組織へ移動します．定常状態の末梢リンパ組織では，5日間で約40％が入れ替わる比較的ターンオーバーの遅い細胞です．pDCはcDCと異なり抗原提示能は低いながら，核酸認識受容体であるTLR-7とTLR-9を高発現しており，ウイルス由来核酸を認識して大量のIFN-α（interferon-α）を産生することでウイルスの増殖を抑制し，また自然免疫を活性化するなど，感染防御に重要な役割を果たします．一方で，pDCは炎症反応により破壊された自己細胞由来の核酸も認識し

てIFN-αを産生します．全身性エリテマトーデス（systemic lupus erythematosus：SLE）や尋常性乾癬などの自己免疫疾患患者では，炎症組織にpDCが集積しており，また末梢血では高レベルのIFN-αとIFN誘導性遺伝子発現が報告されています．

◆ NK細胞[9]

ナチュラルキラー細胞（natural killer cell：NK細胞）は，1973年にEva Klein，Ronald Herberman，仙道富士郎など複数のグループにより，がん細胞やウイルス感染細胞などを認識して傷害する細胞として報告された，ヒト成人末梢血白血球の2〜5％を占める大型のリンパ球です．骨髄で産生され，血液循環を介して全身をパトロールする一方，末梢組織にも一定数常在しています．組織常在NK細胞はウイルス感染やがん化した細胞をすみやかに検出して排除するとともに，サイトカイン産生を介して炎症応答を活性化，増幅する役割を担います．NK細胞は定常状態でもパーフォリンやグランザイムなどの細胞傷害性タンパク質を含む顆粒を細胞質にもっており，非自己と認識した細胞を直接殺すことができます．では，抗原受容体をもたないNK細胞はどのように自己と非自己を認識しているのでしょうか？

まず，NK細胞は貪食細胞と同様に補体受容体やFc受容体を発現しており，オプソニン化（後述）された細胞を認識することができます．近年，抗体依存性細胞傷害活性（antibody-dependent cellular cytotoxicity：ADCC活性）を高めた抗体医薬ががんの治療薬として開発されていますが，NK細胞はFcγ受容体Ⅲaを介してADCC活性をもつ抗体が結合した標的細胞を認識し傷害する主要なエフェクター細胞です．また，ほぼすべての正常細胞が発現するMHC クラスⅠ（major histocompatibility complex class I）を認識して抑制シグナルを入れる抑制性受容体を発現しており，MHCクラスⅠを発現する正常細胞を攻撃しない一方，MHCクラスⅠの発現が低下したがん細胞やウイルス感染細胞に対して傷害性を示します（図4）．なお，NK細胞の活性化と機能発現にはⅠ型インターフェロン（IFN-α，IFN-β）の刺激が重要な役割を担います．Ⅰ型インターフェロンが定常状態ではほとんど産生されず，ウイルス感染などに際して早期にpDCやマクロファージなどにより産生されることが，NK細胞が定常状態では自己の正常組織を傷害せず，炎症時に特異的にウイルス感染細胞などを傷害する重要な制御機構になっていると考えられています．

炎症応答におけるNK細胞のもう1つの重要な役割として，感染局所におけるすみやかなⅡ型インターフェロン（IFN-γ）の産生があげられます．IFN-γはウイルス感染細胞やがん細胞などの増殖を抑制し，またT細胞の組織浸潤を誘導するケモカインCXCL9，10，11の産生誘導，樹状細胞やマクロファージの成熟，機能強化を促すなど，ウイルスに対する感染防御や腫瘍免疫において中心的な役割を担うサイトカインです．NK細胞が感染後のきわめて早期に炎症部位でIFN-γを産生することで，樹状細胞の活性化やT細胞の炎症部位への浸潤が促進されることが報告されており，NK細胞による早期のIFN-γ産生は獲得免疫応答の最適化にきわめて重要なイベントと言え

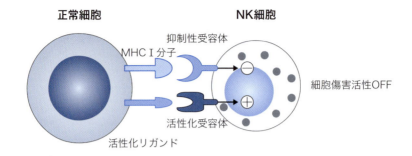

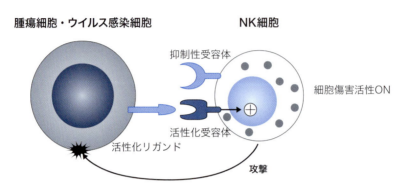

図4 NK細胞による自己・非自己の識別

⊕は細胞傷害活性の促進，⊖は抑制をあらわす．

るかもしれません．

2）貪食細胞

◆貪食細胞による異物の貪食・除去[10]

　これまで紹介した細胞のうち，好中球やマクロファージなどの食作用の強い細胞は**貪食細胞**とよばれ，炎症部位においてさまざまな受容体を介して細菌，真菌，アポトーシスを起こした細胞を認識して貪食処理します．さらに，貪食細胞表面には補体受容体やIgGのFc部分に対する受容体FcγRが発現しており，血液や組織液に含まれる補体成分であるC3b，C3biや，IgG免疫グロブリンが結合した異物はより効率的に貪食されます（いわゆる**オプソニン化，オプソニン効果**ともよばれる）．最近では，炎症局所で活性化した好中球が死ぬ際に核内のDNAとタンパク質から構成されるクロマチンを投網のように細胞外へ放出する現象が発見されました．このクロマチン網はNETs（neutrophil extracellular traps）とよばれ，局所に留まって細菌を捕らえます．NETsに捉えられた細菌は貪食細胞に貪食されやすくなり，さらにNETsそのものにも殺菌作用があります（図5）．

　マクロファージは炎症が起きていない正常条件下においても，不要になった細胞の表面に発現する"eat-meシグナル（私を食べて！）"を認識し，これを選択的に貪食

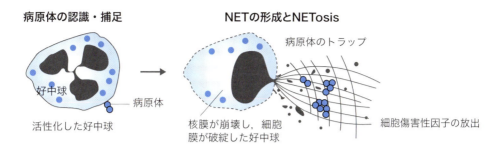

図5 NETsによる生体防御

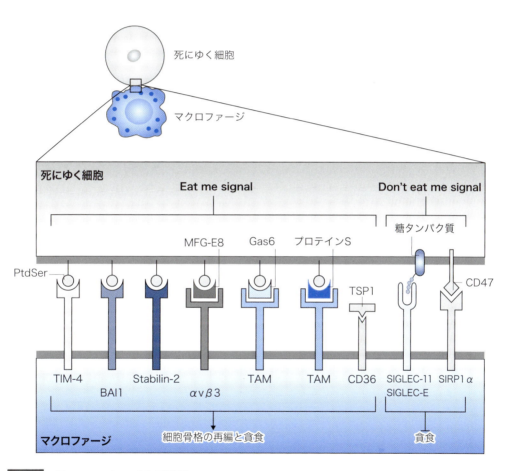

図6 Eat me signalと受容体

することで組織の恒常性を維持しています（図6）．代表的なeat meシグナルとして，ホスファチジルセリン（PtdSer）があげられます．PtdSerは細胞膜の構成成分の1つであり，通常細胞膜の内側に留まっていますが，アポトーシスが起きると細胞表面に露出するようになります．マクロファージは，PtdSerを直接認識するTIM-4（T cell immunoglobulin and mucin–domain containing molecule–4）などのTIMファミリー，BAI1（brain–specific angiogenesis inhibitor–1），Stabilin–2などの分子を介して直接アポトーシス細胞を認識することが報告されています．また，PtdSer結合性のタンパク質を介して間接的にアポトーシス細胞を認識することも報告されており，インテグリンαvβ3を介してMFG–E8（milk fat globule–EGF factor 8）を，TAM（TYRO3–Axl–MerTK）受容体を介してGas 6（growth arrest–specific 6）とプロテインS複合体を，CD36を介してTSP1（thrombospondin 1）を認識することが報告されています．これらの受容体からシグナルが入ると，最終的に細胞骨格の形態が変化し，貪食が起きます．ちなみに，PtdSerの認識にかかわるTIM–4，MFG–E8，MerTKなどの変異により貪食が障害されるマウスでは，自己抗体が産生され，自己免疫疾患が発症することからも，適切な貪食が生体恒常性の維持においてきわめて重要であることがわかります．また，細胞表面に発現しているCD47は，マクロファージが発現するSIRPαに認識され，マクロファージに"don't eat me"シグナルを伝えていることも報告されています．

3）貪食細胞に取り込まれた異物の殺菌・分解

　　貪食細胞は細菌を細胞膜に包み込むかたちで細胞内に取り込み，ファゴソーム（phagosome，食胞ともよぶ）とよばれる小胞を細胞内に形成します．ファゴソームは成熟の過程でさまざまなタンパク質分解酵素を含むリソソームと融合し，ファゴリソソームとなります．多くの細菌や微生物は，ファゴリソソームの中で活性酸素種やタンパク質，脂質，糖質，核酸などに対して作用する加水分解酵素の作用により殺菌，消化されます．まずファゴソームが形成されると，その膜上でNADPHオキシダーゼが活性化され，スーパーオキシド（O_2^-）が産生されます．同時に，V–ATPase（液胞型H^+–ATPase）の作用によりファゴソーム内のpHが低下すると，スーパーオキシドはスーパーオキシドディスムターゼ（superoxide dismutase：SOD）により，より殺菌性の高い過酸化水素（H_2O_2）になります．リソソームに含まれるミエロパーオキシダーゼ（myeloperoxidase：MPO）は，過酸化水素と塩素イオン（Cl^-）から強力な殺菌作用をもつ次亜塩素酸（hypochlorous acid：HOCl）を生成します（図7）．

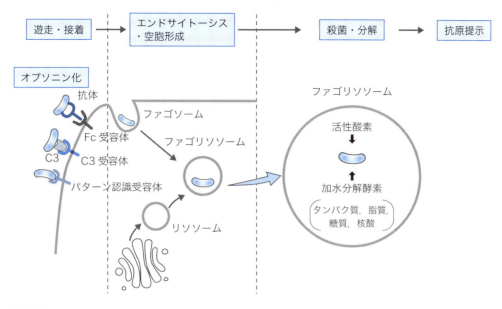

図7 貪食・分解のステップ

2 局所炎症から全身性の応答へ —自然免疫と獲得免疫

　好中球が侵襲物を処理しきれないときは炎症は遷延化し，炎症組織には好中球に替わり単球／マクロファージ（組織浸潤した単球をマクロファージとよぶ）やリンパ球などが主に浸潤するようになります．炎症応答のなかで異物排除を主に担う免疫担当細胞は，自己には存在しない脂質や糖鎖，核酸などの構造を非自己のパターンとして認識して排除応答を起こす自然免疫系細胞と，抗原受容体を介して自己，非自己に特異的に発現する抗原を認識するT細胞，B細胞などの獲得免疫系細胞に分類されます（図8）．こ

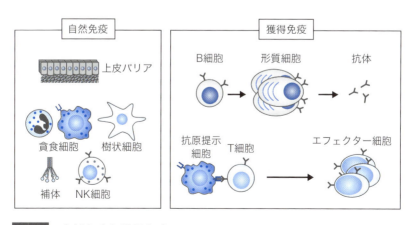

図8 自然免疫と獲得免疫

こでは，自然免疫系，獲得免疫系の特徴を概説した後，それぞれの免疫系に属する白血球サブセットの基本的な役割や，炎症応答における動員機序について解説します．

1）自然免疫—異常な構造や構成成分のパターンを認識排除する防御機構[11]

　私たちが日常生活を送るなかで，しばしば切り傷や擦過傷などで皮膚が損傷する，汚れた空気を吸う，汚いものを食べてしまうことがあります．このようなケースではさまざまな微生物が私たちの体内に侵入しますが，多くの場合，体調不良を感じることなく数日以内に微生物は排除されます．このすみやかな感染防御は，脊椎動物のみならず無脊椎動物，昆虫，植物など広範な多細胞生物に備わっている自然免疫系が，自己とは異なるパターンをもつ侵襲微生物を異物として認識することにはじまり，次に，その病原体を排除するエフェクター機構を誘導し続きます．エフェクター機構の主役は，好中球やマクロファージなどによる異物の貪食であり，これを補助する補体系であることは前述のとおりです．では，T細胞やB細胞がもっているような，「特定の抗原を認識する受容体」をもたない自然免疫系の細胞はどのように自己と非自己を見分けているのでしょうか？　この識別機構は長らく不明でしたが，1996年にショウジョウバエの*Toll*遺伝子の変異により，ハエが生きたままカビだらけになるなどの重篤な感染防御不全が起きることが見出され，この遺伝子が微生物の検出と免疫系の活性化に不可欠なタンパク質をコードしていることがわかりました．その翌年には哺乳類において*Toll*のホモログが同定され，Toll様受容体（Toll-like receptor：TLR）と命名されました．現在，ヒトで10種，マウスで12種のTLRが同定されるとともに，その生体防御における機能が急速に解明されつつあり，TLR以外にも病原体や異常を認識するさまざまなパターン認識受容体を介して自然免疫系が活性化されることが明らかになってきました（図9）．

2）自然免疫における異物認識機構 —PAMPs/DAMPs認識と細胞内シグナル伝達機構

◆TLR：自然免疫による異物認識の主役[11]

　TLRのリガンドとして，グラム陰性細菌の細胞壁を構成するリポ多糖や，真菌由来の糖脂質（zymosanなど），非メチル化DNA，1本鎖RNAなど，微生物に多く認められるパターン構造（pathogen-associated molecular patterns：PAMPs）に加え，taxolやimiquimodといった薬剤や，熱ショックタンパク質（heat shock protein）などの内因性分子が同定されてきました．いずれのリガンドについてもおおむね共通しているのは，TLRリガンドが感染，創傷，腫瘍などの生体侵襲に伴う外来異物，あるいは宿主細胞由来分子群であるという点です（図9）．

　TLRの発見から20余年の間に，TLRを介したシグナル伝達経路やその生体防御に

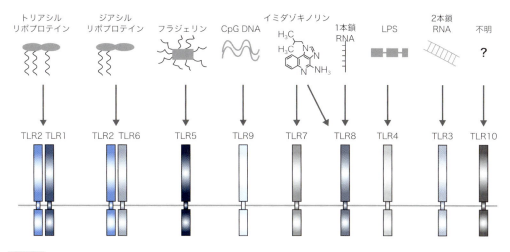

図9 TLRによる病原微生物パターンの認識

文献12より引用.

おける機能的意義について多くの研究がなされており，TLRが自然免疫担当細胞のエフェクター機構を制御する重要な因子であることが明らかになっています．TLRシグナルは，MyD88，TRIF，TIRAP，TRAMといったアダプター分子の介在を経て，NF-κB，MAPキナーゼ（p38，JNK），IRF（interferon regulatory factor）-3/7を活性化します（図10）．その結果，自然免疫担当細胞（特に樹状細胞）の分化や，IL-6，IL-12，Ⅰ型インターフェロンなどの産生が誘導されます．TLRとアダプター分子群の相互作用はIL-1およびIL-18受容体と同様にTIR（Toll/IL-1 receptor）ドメインとよばれる構造を介して行われています．TRAMのみを用いるTLR3を除き，すべてのTLRがMyD88を用いることが報告されていますが，TRIFやTIRAPの関与は各TLRによって異なっており，アダプター分子の違いがその後のサイトカイン産生の制御に寄与すると考えられています．

◆ TLR以外のパターン認識受容体[13]

近年では，TLRのようなパターン認識受容体（pattern recognition receptors：PRRs）として，C型レクチン様受容体（C-type lectin receptor：CLR），RIG-I様受容体（RIG-I-like receptor：RLR），NOD様受容体（NOD-like receptor：NLR）などさまざまな分子群が同定されています．これらの受容体は，シグナル伝達経路こそ異なるものの，最終的にNF-κBやIRF-3/7を活性化して炎症性サイトカイン産生を誘導するという点ではTLRと共通しています．いずれも細菌・ウイルス感染においてTLRも含めて協奏的に作用することで，自然免疫系の活性化，さらには宿主防御に重要な役割を果たすことが報告されています（図11）．

なかでもNLRファミリー分子群は，インフラマソーム（inflammasome）とよばれるタンパク質複合体を形成してPAMPsや自己由来のdanger signal（damage-

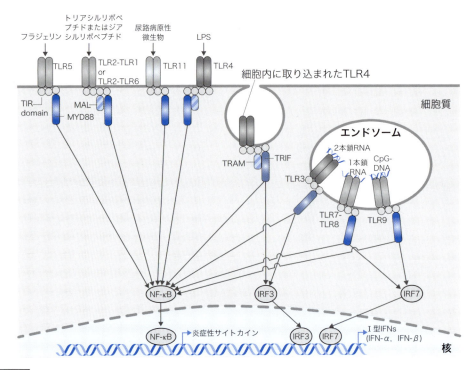

図10 TLRシグナル伝達経路

細胞内外で病原体パターン分子を認識したTLRは，細胞内のTIR domainに結合するアダプター分子MyD88，TRAM，TRIFなどを介して細胞内にシグナルを伝達し，最終的に炎症誘導性転写因子NF-κBを活性化すると炎症性サイトカインの転写を促進します．また，転写因子IRF3やIRF7などを活性化すると，I型インターフェロンの転写を促進します．

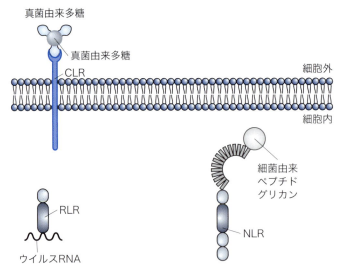

図11 TLR以外のパターン認識受容体

associated molecular patterns：DAMPs）を認識し，カスパーゼ-1を活性化することが知られており，IL-1β産生などを介して宿主防御に重要な役割を担っていると考えられています．さらに，感染などの生体侵襲ならびに著明な自己反応性T細胞，B細胞応答を認めない炎症性疾患群（autoinflammatory diseases / autoinflammation, **自己炎症性疾患**）に分類されるMuckle-Wells症候群やBlau症候群，新生児期発症多臓器性炎症性疾患（neonatal-onset multisystem inflammatory disease：NOMID）などにおいて，NLRファミリー分子をコードする*NLRP3*や*NOD2*が疾患相関性を示すことが報告され，大きな注目を集めています．環境医学的観点から興味深いのは，NLRP3インフラマソームが尿酸結晶やアスベスト，カーボンナノチューブを認識してIL-1β産生を誘導し，痛風や中皮腫の発症に寄与する可能性があるという点です．さらに，NLRP3インフラマソームはAlum（A型およびB型肝炎ウイルスワクチンの抗原性を増強するアジュバントとして用いられている）による免疫賦活化にも関与することも最近報告されています．

このように，自然免疫系によるPRRsを介した外来異物の認識は，自己と非自己の識別や獲得免疫応答誘導の前段階という位置付けに留まらず，環境医学，予防医学的観点からもきわめて重要なメカニズムとなっています．今後のさらなる研究により，さまざまな疾患の背景のなかで自然免疫系による認識がどのように病態形成に関与するかが解明されることで，病態の基盤的理解，ならびにそれに基づく根治療法の開発につながることが期待されます．

◆ C型レクチン（C-type lectin）[14]

レクチンは糖鎖結合性タンパク質の総称であり，糖鎖結合ドメイン上のアミノ酸配列モチーフにより，認識にカルシウムを必要とするC型レクチン，遊離チオールを必要とするS型レクチン，マンノース6リン酸を認識するP型レクチンに大別されます．C型レクチンにはそれぞれ認識する糖が異なるDC-SIGN（dendritic cell-specific ICAM3-grabbing non-integrin），Dectin-1，Dectin-2/3，Mincle（macrophage-inducible C-type lectin）などが存在します．Dectinファミリーでは，Dectin-1のホモダイマーはβ-glucanを，Dectin-2/3のヘテロダイマーはα-mannanを，MincleとDectin-3のヘテロダイマーはα-mannan, TDM（trehalose-6,6'-dimycolate）をそれぞれ認識します．また，Dectin-2/3のヘテロダイマーおよびMincleとDectin-3のヘテロダイマーは活性化シグナルを伝達するFcγRと会合して活性化受容体として機能します．Dectin-1は，リガンドを認識すると細胞質内ドメインのITAM（immunoreceptor tyrosine-based activation motif）中のチロシンがリン酸化され，Sykを活性化します．活性化されたSykはアダプタータンパク質であるCARD9（caspase recruitment domain-containing protein 9），BCL10（B-cell lymphoma/leukemia 10）およびMALT1（mucosa-associated lymphoid tissue lymphoma translocation protein 1）からなる複合体を活性化し，NF-κBが活性化されます．また，Dectin-1

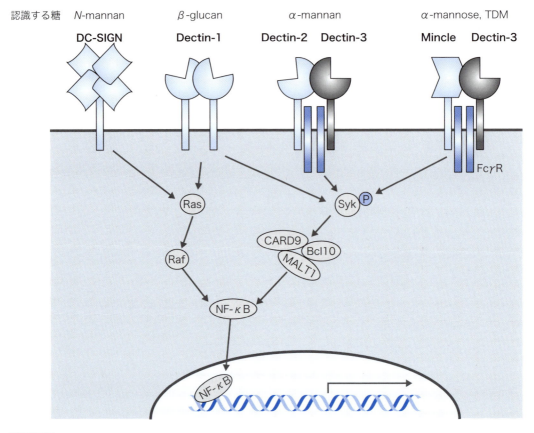

図12 各種C型レクチンと細胞内シグナル

はRas経路を介してもNF-κBを活性化します．Dectin-2/3やMincleは独自のITAMはもちませんが，会合しているFcγRのITAMが活性化されます．その後，Dectin-1と同様にSykを介してさまざまなシグナルを伝達します（図12）．

3）単球由来マクロファージはどのように炎症部位へ動員されるか？[4]

　一連の炎症・免疫カスケードに重要な役割を果たす単球／マクロファージは，急性および慢性炎症性疾患の治療標的としても注目されています．単球は，ライフサイクルや分子の依存性が異なる**常在型（非古典的）単球**と**炎症性（古典的）単球**の2つのサブセットに分類されます．常在型単球の役割や動員機序については未解明な点が多く残されていますが，炎症性単球についてはケモカイン受容体CCR2依存的に骨髄から血中，血中から末梢組織へと動員されることが明らかになっています（図13，表4）．炎症性単球のターンオーバーは白血球サブセットのなかでも非常に速いものであり，定常状態の骨髄では12時間で約半数が増殖を経験した細胞に入れ替わります．骨髄で増殖した炎症性単球はCCR2依存的にすみやかに血液循環を介して末梢組織に供給されます．炎症性単球／マクロファージの一連の骨髄における増殖と末梢組織への

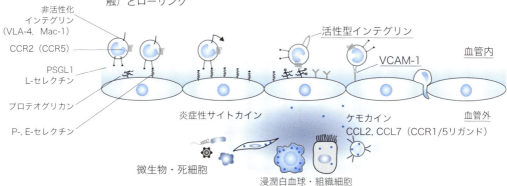

図13 末梢組織における炎症性単球の血管外遊出制御

炎症性単球は末梢組織の後毛細管細静脈においてPSGL–1，L–セレクチンと内皮細胞に発現するP–およびE–セレクチンを介して，テザリング，ローリングする．内皮細胞のプロテオグリカンに提示されるCCL2，CCL7が炎症性単球のCCR2にシグナルを入れると，VLA–4，Mac–1が活性型になり，内皮細胞に発現するVCAM–1と強固に接着し，血管外へ遊出する．
微生物感染や組織傷害が生じ，PAMPs（pathogen-associated molecular patterns）やDAMPs（damage-associated molecular patterns）に応答してTNF，IL–1などの炎症性サイトカインが産生されると，血管内皮におけるP–，E–セレクチン，VCAM–1などの発現が亢進する．また，マクロファージやT細胞などの浸潤白血球や組織細胞が産生するCCL2，CCL7ならびにCCR5リガンドの血管腔内への提示が増加し，炎症性単球の組織浸潤が増加する．文献4より引用．下線をつけた単語は筆者により追加．

表4 炎症性単球の組織浸潤（血管外遊出）を制御する分子群

ホーミング受容体		主なリガンド		
分子	主な発現細胞	分子	主な発現細胞	炎症誘導性
セレクチンシグナル				
PSGL1	広範な血球系細胞	P–, E–セレクチン	内皮細胞	＋
L–セレクチン	広範な血球系細胞	PNAd, PSGL1	内皮細胞，白血球	−
ケモカインシグナル				
CXCR4	広範な血球系細胞	CXCL12	線維芽細胞	−
CCR1	広範な免疫担当細胞	CCL3, 5, 7, 8, etc.	マクロファージ，T細胞, etc.	＋
CCR2	炎症性単球	CCL2, 7, (8, 13)	内皮細胞，線維芽細胞，マクロファージ	＋
CCR5	広範な免疫担当細胞	CCL3, 4, 5, 8, etc.	マクロファージ，T細胞, etc.	＋
インテグリンシグナル				
VLA–4（α4β7）	広範な免疫担当細胞	VCAM–1	内皮細胞，線維芽細胞	＋
Mac–1（αMβ2）	広範な骨髄系細胞，NK細胞	ICAM–1, –2	広範な血球系，非血球系細胞	＋

文献4より引用．

移動は，炎症条件下でさらに亢進する一方，炎症局所に浸潤し，マクロファージへと分化した後の組織残存時間は短く，炎症局所における多量の浸潤は骨髄からの持続的な供給のうえに成り立っています．なお，CCR2の欠損により炎症性単球の生体内移動が阻害されると血液に侵入した細菌に対する抵抗性が失われることから，感染防御に重要な役割を果たすことが明らかになっています．

　2009年に生体内で最大の2次リンパ組織である脾臓が成熟した単球を貯蔵しており，炎症に際して単球を供給するという"splenic reservoir monocytes"の概念が提唱され，その後もがんなどの慢性炎症時には脾臓で産生された単球が炎症部位へ供給されるという報告がなされました[15]．一方，筆者らが担がんマウス生体内における単球の臓器間移動を追跡したところ，脾臓からがん部位へ移動する単球は骨髄からがん部位へ移動する単球に比較して非常に少なく，骨髄が炎症部位へ浸潤する単球の主な起源であるという結論に至っています[16]．体内に占める脾臓の大きさや，解剖学的な構造については種間差も大きく，splenic reservoir monocytesというユニークな概念がどの程度ヒトの炎症に当てはまるのかは，今後も研究が必要です．

4）マクロファージの極性化：M1/M2パラダイム[6]

　マクロファージの活性化・極性化をあらわす概念として，Charles Millsらが提唱し，Alberto Mantovaniらが推進した**M1/M2マクロファージ**があります（表5）．これは，後述するCD4$^+$ヘルパーT細胞におけるTh1/Th2分化の対となる概念です．*in vitro*で単球を培養し増殖させる際に，IFN-γなどのTh1サイトカインや微生物性刺激因子存在下で培養すると，免疫活性化能，炎症性，細胞傷害性の強い**M1マクロファージ**に，また種々の免疫抑制性因子存在下で培養すると免疫抑制機能，血管新生誘導能，組織再構築誘導能の高い**M2マクロファージ**に分化するという考え方です．しかしながら，この分類を過度な単純化と考え，M2マクロファージを誘導する刺激因子の種類によりさらに，M2a（IL-4, IL-13），M2b（TLR/FcγRの共刺激），M2c（IL-10, TGF-β，グルココルチコイド）に分類することもあります．M1マクロファージの代表的な分子発現パターンとしては，IL-1β，IL-6，IL-12，IL-23などの炎症性サイトカイン，Th1サイトカインおよびROSやNOの高産生があげられます．一方，M2マクロファージの代表的な分子発現パターンとしては，IL-10，TGF-βなどの抑制性サイトカイン，arginase I，スカベンジャー受容体（CD163, CD204），C型レクチン

表5　機能によるマクロファージの分類

呼称	M1 マイクロファージ	M2 マイクロファージ（M2a, b, c）
性質	免疫促進	免疫抑制・組織修復
代表的な分子発現パターン	iNOS, IL-12, TNF（PD-L1）	IL-10, TGF-β, CCL22, arginase1, PGE2, MMP7/9, VEGF, EGF, etc.
糖代謝	酸化的ペントースリン酸経路	酸化的リン酸化経路

（CD301）などの高発現があげられます．免疫抑制環境にある腫瘍組織や，炎症の寛解期に存在するマクロファージはM2であり，抑制性サイトカインの産生やarginase Iを介する局所的なアルギニン枯渇によりT細胞の機能を抑制し，またVEGFやMMP9などの産生を介して血管新生や腫瘍浸潤，組織再構築を促進するとされています．ヘルパーT細胞の機能的分化と異なり，マクロファージの活性化・極性化には可塑性があることが示唆されており，炎症部位におけるM1/M2バランスに介入することでがんや炎症性疾患を治療しようという試みもなされています．

3 獲得免疫 [13] [17]

　自然免疫は，好中球やマクロファージなどの比較的短命な骨髄由来細胞が主体となって，パターン認識受容体を介する大雑把な異物認識により私たちの体を守っています．しかしながら，私たちの体を維持するためには，有用な微生物と病原性のある微生物の違いや，正常な生体組織とがん化した細胞など，非常に微妙な違いを区別して適切に排除する繊細な機構が必要です．ここで活躍するのが，遺伝子再編成や体細胞突然変異によって生み出される膨大な種類の抗原受容体（T細胞受容体：TCR，B細胞受容体：BCR）をもつ**T細胞，B細胞**などのリンパ球です．宿主が経験したことのない異物を認識できる抗原受容体をもつリンパ球は通常きわめて低頻度です．その一方，抗原を認識したリンパ球は活性化し，爆発的に増殖するため，同じ抗原受容体をもつ

Column

遺伝子再編成

　T細胞がどのような抗原を認識するかを決定するT細胞受容体（TCR）には，α鎖とβ鎖からなるTCRαβと，γ鎖とδ鎖からなるTCRγδがあります．それぞれの鎖は，成熟T細胞以外の染色体DNA上では遺伝子として機能しない配置で存在していますが，T細胞はDNAを切り貼りすることで，遺伝子として働きうる配置にする仕組みをもっており，これを遺伝子再編成とよびます．β鎖を例にとってみると，β鎖の遺伝子はV，D，J，Cとよばれる遺伝子断片の組合わせで構成されており，ヒトの遺伝子再編成前のβ鎖遺伝子領域には，約30個のV，2個のD，12個のJ，2個のCが存在しています．T細胞が成熟する過程で発現する遺伝子組換え酵素RAG1およびRAG2により，まずDの1つとJの1つが遺伝子再編成により組合わされ「DJ」となり，その後Vの1

つとDJが遺伝子再編成により組合わされ可変領域とよばれるVDJ遺伝子ができます．VDJ遺伝子は定常領域であるC遺伝子と転写されたあとにスプライシングによりつながりVDJCからなるmRNAとなり，翻訳されてβ鎖ができます．VDJの組合わせは単純計算では500通り程度ですが，DNAを切り貼りする過程で塩基対の挿入や欠失が起きるため，実際の多様性は膨大なものになります．断片の種類は少ないものの，同様の遺伝子再編成がα鎖やその他の鎖でも起きるため，理論上は10^{15}種類といった膨大な種類の多様性をもったTCRが形成されます．ちなみに，重鎖と軽鎖により構成されるB細胞受容体（BCR）も，それぞれの鎖は遺伝子再編成により可変領域V(D)J遺伝子がつくられるため，膨大な多様性が担保されています．

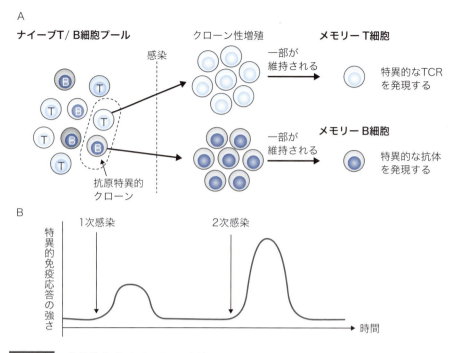

図14 古典的な免疫メモリー応答

リンパ球（クローンとよぶ）が大量に複製されます．クローン性に増殖した活性化リンパ球は，さまざまな機能性の分子を発現しており，対応する抗原をもつ微生物や細胞を強力に攻撃し，異物を排除します．また，増殖したリンパ球の一部は数カ月以上の寿命と自己複製能をもつ記憶細胞（メモリーT/B細胞）として長期間維持されます．このように獲得免疫は記憶細胞を増やし，長期的に維持することで一度経験した異物に対して即時かつ強力に排除応答を示すようになります（図14）．なお，獲得免疫による排除応答は，花粉や細菌などにはB細胞が，がん細胞にはCD8$^+$ T細胞が主体となるなど，異物の種類に応じて最適化されます．この最適化には，獲得免疫の誘導組織である2次リンパ組織（主にリンパ節）において，B細胞，CD4$^+$ T細胞およびCD8$^+$ T細胞が直接または樹状細胞を介して間接的に相互作用する必要があり，さらにこの相互作用をサポートするために線維芽細胞や内皮細胞なども重要な役割を果たしています．この緻密な連携が崩れると，異物を排除できず炎症が慢性化することや，また自分の組織を傷害するような不適切な排除応答が誘導されることもあります．本項では，獲得免疫にかかわる細胞としてT細胞・B細胞について紹介します．

1）獲得免疫を構成する細胞：T細胞

胸腺で分化，成熟するT細胞は，MHCクラスIIによる抗原提示を認識する**CD4$^+$ T細胞**とMHCクラスIによる抗原提示を認識する**CD8$^+$ T細胞**に大きく分類されます．

CD4$^+$ T細胞はMHCクラスIIを発現しないがん細胞やウイルス感染細胞を認識することはできませんが，樹状細胞などのいわゆるprofessionalな抗原提示細胞による抗原提示を受けて活性化し，サイトカインなどをはじめとするさまざまな免疫調節性の分子を発現し，B細胞やCD8$^+$ T細胞の応答を調整します．CD4$^+$ T細胞は1960年代に抗体産生を促進するヘルパー機能をもつ細胞（ヘルパーT細胞：Th）として同定されました．1980年代後半にTim Mosmannらにより CD4$^+$ T細胞のなかでもサイトカイン産生パターンの異なる2種類の亜集団が存在することが報告され，インターフェロンγ（IFN-γ）を主に産生するTh1とインターロイキン4（IL-4）を産生するTh2に分類できるという概念が提唱され，長く定着しました．その後，CD4$^+$ T細胞のなかに強力な免疫抑制能をもつFoxp3$^+$制御性T細胞（Treg）やIL-17を主に産生するTh17，B細胞分化に重要な役割を果たす濾胞性ヘルパーT細胞（T$_{FH}$）など，Th1/2に分類できない亜集団が次々と報告され現在に至っています．

　一方，CD8$^+$ T細胞は細胞傷害性リンパ球（cytotoxic T lymphocyte）ともよばれ，MHCクラスIによって外来（異物）抗原を提示している標的細胞を排除します．このため，細胞内病原体（特にウイルス）や腫瘍細胞に対する防御機構において非常に重要な役割を果たしています．

2）炎症時のT細胞の生体内動態[18] [19]

　抗原刺激を経験していないT細胞（ナイーブT細胞とよぶ）は，血液を介して全身の2次リンパ組織を巡回して異物の侵入を監視しています．組織に異物が侵入し，炎症が起きると，炎症部位で異物を貪食して抗原情報を獲得した樹状細胞がリンパ節に流入します．この抗原に特異的に反応するTCRをもつT細胞（抗原特異的T細胞とよぶ）は，樹状細胞から抗原提示を受け，さらに共刺激分子と炎症性サイトカインの刺激が加わると，爆発的に分裂してエフェクターT細胞へ分化します（expansion期）．病原体が2週間程度で完全に排除される典型的な急性ウイルス感染などの場合には，感染後2〜5日間で病原体に反応性をもつTCRをもつ抗原特異的CD8$^+$ T細胞が，13〜18回以上分裂し，数にして1万倍以上の増加を示します．2次リンパ組織で増殖したT細胞はエフェクターT細胞へ分化した後，再度血流に乗って炎症部位へ浸潤し，異物抗原を結合したMHCクラスIを発現する標的細胞を直接認識して，または異物抗原を貪食した抗原提示細胞を介して間接的に異物を認識してIFN-γ，TNF-αなどのサイトカインを産生するとともに，パーフォリン，グランザイムB，FasLなどの細胞傷害性分子により抗原を発現している細胞を殺傷します．獲得免疫の働きでウイルス量が減ると，T細胞の増殖は止まり，大半のエフェクターT細胞（90〜95％）はアポトーシスを起こし死滅しますが（contraction期），ごく一部の抗原特異的T細胞がメモリー細胞としてリンパ組織や感染部位などで長期に維持され，再感染に備えます（memory期）（図15）．このようなT細胞の活性化や機能的なメモリー形成には，TCR

A 細胞集団で見た抗原特異的CD8⁺T細胞応答

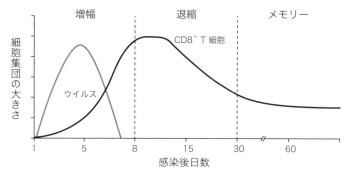

B 抗原特異的CD8⁺T細胞応答の過程ではさまざまな分化段階のサブセットが共存する

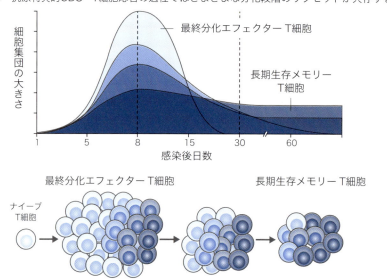

図15 ウイルス感染後のCD8⁺T細胞応答

文献18より引用.

刺激,共刺激そして環境中のサイトカインにより発現制御されるさまざまな転写因子が複雑に関与しています(**図16**).一連の過程で形成される「**免疫記憶**」は,免疫システムにおける最大の特徴の1つであり,ワクチンに応用されて感染症との闘いにおいて人類福祉に最大級の貢献を果たしてきました.一方,自己抗原や常在細菌などに反応性をもつT細胞にメモリーが形成されると,正常な組織に持続的炎症が誘導され,自己免疫疾患の原因にもなります.

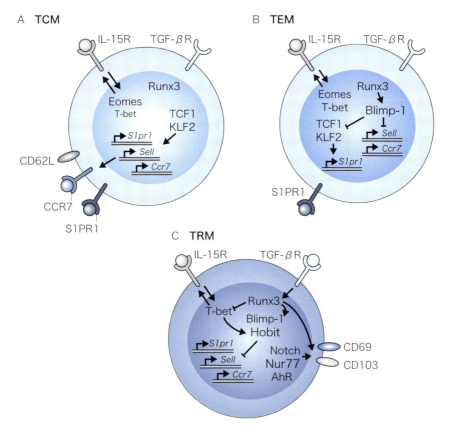

図16 転写因子によるCD8⁺T細胞の分化と機能の制御

TCM：central memory T cell，TEM：effector memory T cell，TRM：resident memory T cell．文献19より引用．

3）CD4⁺T細胞：細胞性免疫と液性免疫の調整役

　　抗原を認識して排除応答を起こす獲得免疫は，排除応答の仕組みに応じて細胞性免疫と液性免疫に分類されます．細胞性免疫では，ウイルスや細胞内寄生菌に感染した細胞，がん細胞などを，CD8⁺T細胞が攻撃・排除します．液性免疫では，抗原を認識したB細胞や形質細胞が産生する抗体が細胞外の異物抗原に結合し，貪食細胞による貪食の促進，病原性の中和，補体系の活性化による細胞傷害などを促進することで異物を排除します．CD4⁺T細胞は細胞性免疫と液性免疫の司令塔として働く重要な細胞です．CD4⁺T細胞がナイーブT細胞からエフェクターT細胞へ分化する際に，CD4⁺T細胞自身や周辺の細胞が産生するサイトカインなどの環境因子が作用することで，前述したTh1/2/17，Treg，T_FHなどへ分化します（図17）．

◆Th1/Th2細胞

　　ナイーブCD4⁺T細胞（Th0）からのThl細胞およびTh2細胞への分化は相互に排他的であり，Th1を誘導するサイトカインであるIL-12の存在下ではTh1が誘導され，

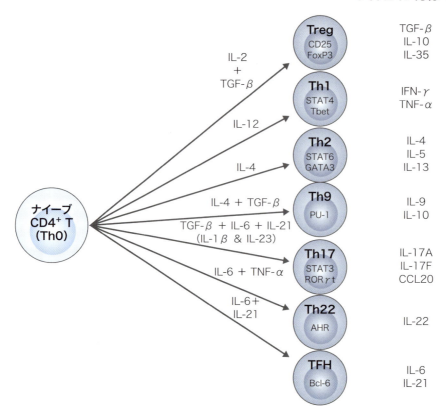

図17 CD4⁺T細胞の機能的分化

　Th2の誘導は阻害されます．一方，Th2を誘導するIL-4の存在下では，Th1の誘導が阻害されます．また，TGF-βが存在するとTregが，TGF-β＋IL-6に加えIL-23が存在するとTh17が誘導されます．すなわち，T細胞に刺激が入る前段階で自然免疫が異物に対してどのような反応を起こすかによりナイーブCD4⁺T細胞に影響を与える炎症介在因子が決定され，獲得免疫の方向性が決まるとも言えます．例えば樹状細胞が活性化してIL-12を産生するとTh1型，一方好酸球を介してILCが活性化してIL-4を産生するとTh2型の応答が誘導されます（もっと詳しく 各CD4⁺T細胞サブセットの分化に関する分子メカニズム）．Th1細胞が産生するIFN-γは，がん細胞や感染細胞の増殖やウイルスの複製を強力に抑制することで私たちの体を守っています．一方，Th2細胞が産生するIL-4，IL-5，IL-13などのサイトカインはB細胞の増殖やクラススイッチ〔5）B細胞を参照〕などを誘導し，**液性免疫**の誘導と性質決定に重要な役割を果たします．

📖 もっと詳しく

● 各CD4⁺ T細胞サブセットの分化に関する分子メカニズム

　各CD4⁺ T細胞サブセットの分化を誘導するサイトカイン条件，細胞内シグナリングおよび転写因子の発現は，主に *in vitro* でサイトカインを培養系に加える方法などでよく解析されています．ナイーブCD4⁺ T細胞（Th0）がTCRからの刺激を受け活性化するときにIL-12が働くと，細胞内シグナル伝達分子であるSTAT-4（signal transducers and activator of transcription-4）を活性化し，IFN-γを産生します．そしてIFN-γはSTAT-1を活性化し，Th1のマスター転写因子T-betの発現を誘導します．一方，IL-4はSTAT-6を活性化し，Th2のマスター転写因子GATA-3の発現を誘導します．なお，T-betはIL-4の発現を抑制し，一方GATA-3はIFN-γの発現を抑制することから，Th1/Th2は転写因子レベルで相互に排他的なサブセットと言えます．

　その他，TCR刺激とともにTGF-βが作用するとTregのマスター転写因子Foxp3が発現しTregが誘導され，この誘導はIL-2によるSTAT-5の活性化により促進されます．IL-6はSTAT-3の活性化を介し，Foxp3の発現を抑制しますが，TGF-βとともに作用するとTh17のマスター転写因子RORγ-tの発現を誘導します．なお，IL-2によるSTAT-5の活性化はSTAT-3の活性化を抑制するため，IL-2はTregとTh17の重要な分化制御因子と言えます．T_FHは前述のCXCR5の発現やIL-21の産生能に加え，共刺激受容体ICOS（inducible T-cell costimulator），抑制性受容体PD-1（programmed death-1）の高発現，転写因子Bcl6の発現によって特徴付けられます．一方で弱いながらもIFN-γやIL-4の産生能をもち，またT-betやGATA3などの転写因子を低発現するなど，他のThサブセットを特徴付ける分子発現も認められます．他のThサブセットと比較してT_FHの分化経路についてはいまだ議論が残されていますが，*in vitro* ではIL-21，IL-6，ICOSLなどの刺激によりSTAT-3，STAT-4が活性化されるとBCL6が発現し，T_FHが誘導されます．

◆ 制御性T細胞（Treg）

　Tregは，坂口志文らによりT細胞の増殖，活性化を強力に抑制する活性をもつ細胞として同定されました，Th1，Th2に該当しない機能的なCD4⁺ T細胞サブセットです．Tregは大きく胸腺分化の過程で発生する内在性Treg（naturally occurring regulatory T cell：nTreg）と，通常のナイーブCD4⁺ T細胞がある種の免疫微小環境下でTCR刺激を受け，増殖・分化する過程で形成される誘導性Treg（inducible regulatory T cell：iTreg）に分類されます．Tregの分化に不可欠な転写因子Foxp3を遺伝的に欠損すると，IPEX（immune dysregulation，polyendocrinopathy，enteropathy，and X-linked）症候群とよばれるきわめて重篤な自己免疫疾患を発症すること

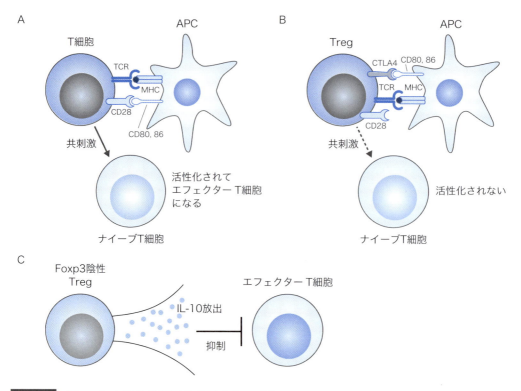

図18 Tregによる免疫抑制の分子メカニズム

からも，Tregが自己免疫寛容や炎症抑制に中心的な役割を果たしていることがわかります．nTreg，iTregともに全身に分布しますが，とりわけ炎症組織やその所属リンパ節にはiTregが多く集積しており，過剰な炎症を抑制するとともに炎症の収束に寄与していると考えられています．さらに，傷害を受けた組織に浸潤するTregのなかには増殖因子amphiregulinを産生し，組織修復を促進する機能をもつユニークな集団が存在することも報告され，免疫抑制以外の機能も注目されています．

　Tregの免疫抑制機能には，免疫抑制性サイトカインであるIL-10や，細胞傷害性分子の関与が報告されていますが，とりわけ抑制性共刺激受容体CTLA-4（cytotoxic T-lymphocyte protein-4）が重要な役割を果たすことがわかっています．ナイーブT細胞の活性化には，TCR刺激に加えてT細胞表面に発現する共刺激受容体CD28を樹状細胞が発現する共刺激因子CD80/CD86が刺激することが不可欠です．Tregが高発現するCTLA4は，CD28と比較して共刺激因子CD80/CD86との親和性が強く，樹状細胞表面からCD80/CD86を奪うため，Tregの存在下では十分な共刺激シグナルがナイーブT細胞に入らず，ナイーブT細胞の応答は抑制されます．一方，Foxp3陰性Tregとして，抑制性サイトカインIL-10存在下で誘導され，高いIL-10産生により免疫応答抑制を示すTregや，抑制性共刺激受容体LAG3を高発現するTr1（タイプI Treg），TGF-βを高発現するTr3なども炎症制御に関与することが報告されています（**図18**）．

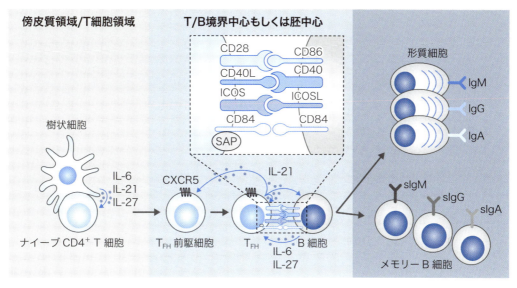

図19　T_FHによる液性免疫応答の制御

◆ Th17

Th17は，典型的なTh1モデルと考えられていたEAEモデル（実験的自己免疫性／アレルギー性脳脊髄炎）において，発症／増悪化に必須な細胞として2005年にDaniel Cuaらにより報告されました．Th17は，好中球の産生や上皮細胞，線維芽細胞の活性化を誘導するサイトカインIL-17A, IL-17Fを産生するCD4$^+$ T細胞サブセットであり，その他にもIL-21やIL-22など特徴的なサイトカインを産生します．遺伝子欠損マウスを用いた解析により，Th17は細胞外細菌や真菌の感染防御に重要な役割を果たし，また関節リウマチや炎症性腸疾患（クローン病・潰瘍性大腸炎），多発性硬化症などの炎症性疾患における病態形成に関連していることが示唆されていました．しかしながら，抗IL-17A抗体の治験では関節リウマチや炎症性腸疾患における有効性は認められず，一方で乾癬に対しては高い有効性が認められ，治療薬として承認に至っています．なお，Th17以外にもγδT細胞などもIL-17Aを産生するため，ヒト炎症性疾患におけるTh17の相対的重要性は定まっていません．

◆ T_FH

T_FHは，抗体産生をヘルプするCD4$^+$ T細胞の性質を最も反映するサブセットと言えます．リンパ組織は明確に濾胞領域（皮質領域，B細胞領域）と傍皮質領域（T細胞領域）が分かれており，T_FH以外のCD4$^+$ T細胞サブセットが濾胞領域に分布することは通常まれです．一方，濾胞領域に分布するために必要なケモカイン受容体CXCR5を発現しているT_FHは，濾胞領域においてB細胞へ細胞間接触を介する刺激を供給することができます．例えば，侵襲を受けた部位の所属リンパ節では，T_FH上のCD40Lが持続的にB細胞上のCD40を刺激することで，B細胞の活性化，増殖ならびに抗体

のクラススイッチや親和性成熟（affinity maturation）（**5）B細胞**参照）などが促進されます．CD40L以外にもT_{FH}はB細胞の近傍でIL-4やIL-21などの抗体応答を制御するサイトカインを産生し，液性免疫応答の強さや性質決定に中心的な役割を果たします（**図19**）．

4）CD8$^+$T細胞とメモリーT細胞の分類[20]

抗原刺激を受けた**CD8$^+$T細胞**は，Th1/2/7/Tregなどのように多様な機能をもったサブセットに分化することはなく，ナイーブ，エフェクター，メモリーといった一方向性の分化過程（**図15**）のなかで，組織指向性（2次リンパ組織に行きやすい，皮膚や腸管といった末梢組織に行きやすい，など）やサイトカイン産生能，細胞傷害活性，増殖能などの強弱により分類されます．例えば，一口にメモリーCD8$^+$T細胞といっても実は均一な集団ではなく，発現している分子の組合せによってさまざまな分類が提唱されています．古典的な分類として，リンパ節への遊走に中心的な役割を果たすホーミング分子CD62Lとケモカイン受容体CCR7の発現程度によって，CD62L^{hi} CCR7^{hi}のTCM（central memory T cell）とCD62L^{lo} CCR7^{lo}のTEM（effector memory T cell）に分類されます．前者は再刺激時のサイトカイン即応産生性が乏しいが分裂能が高く，後者はその逆でサイトカイン即応産生性が高いが分裂能が低いことから，TCMが長期免疫記憶を2次リンパ組織内で担保し，TEMが末梢組織で即応免疫記憶を担うと考えられています．

📖 もっと詳しく

● メモリーCD8$^+$T細胞の分布・疲弊・複製性老化

TCM/TEMの概念が出された2000年代前半までは，メモリーT細胞は血液循環を介してダイナミックに臓器間を移動すると考えられていましたが，最近では炎症時に炎症組織へ浸潤し，炎症が収束した後も循環に戻ることなくその組織に定着して長期間維持される画分があることがわかってきました．TRM（tissue resident memory）とよばれるこの画分は，一度曝露された抗原に対してすみやかに排除応答を起こすことができることから，再感染に対する防衛の最前線を構築していると考えられています（**図20**）．

2000年代の後半までに得られたCD8$^+$T細胞応答に関する多くの知見は，急性感染モデルから得られたものです．最近では慢性感染症やがんなど，有効な治療法が確立していない慢性炎症性疾患におけるCD8$^+$T細胞の応答が精力的に解析されています．異物が排除できず炎症が慢性化した組織において持続的なTCR刺激を受けると，CD8$^+$T細胞の多くがメモリーT細胞ではなく，サイトカイン産生能や増殖能，細胞傷害性の低い疲弊T細胞（exhausted T細胞）になることがわかってきました（**図21**）．疲弊CD8$^+$T細胞は抑制性受容体PD-1を高発現しており，TCR

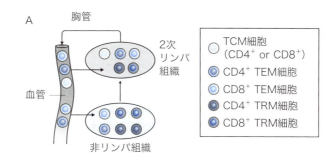
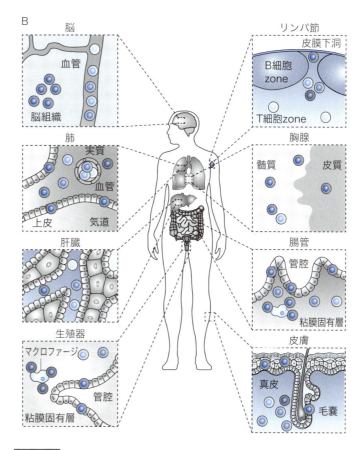

図20 さまざまな種類のメモリーT細胞の生体内分布

文献20より引用.

下流のシグナルが抑制されていますが,疲弊状態を解除する抗PD-1中和抗体や,PD-1のリガンドであるPD-L1に対する中和抗体をがん患者に投与すると,これまで治療が困難であった一部のがんが大幅に縮小するなどの臨床効果が得られることがわかりました.なお,慢性炎症組織にも,大半を占める疲弊T細胞とは別に,機能性を維持した"メモリー幹細胞"とよばれる集団が存在することも見出されています.メモリー幹細胞は転写因子TCF1を発現しており,近年ではこのメモリー幹

細胞の誘導，維持機構の解明からT細胞応答の増強を狙った臨床応用研究もされています．

慢性炎症時のT細胞応答における疲弊状態とは異なる問題として，くり返しワクチン接種による複製性老化（replicative senescence）があげられます．他の正常細胞と同様に，T細胞の細胞分裂回数には限界があり，細胞分裂を重ねた老化CD8$^+$ T細胞は徐々に分裂予備能力が失われることがわかっています．このような分裂回数の問題は，胸腺機能が維持されている若齢個体では，胸腺で新たにつくられるナイーブCD8$^+$ T細胞により補われると考えられますが，胸腺機能が失われた老齢個体では，抗原特異的T細胞は不可逆的に失われていくと考えられます．メモリーCD8$^+$ T細胞がどのような機序で樹立・誘導・維持されるのか，さらに細胞・分子レベルでの研究が進み，効率的なワクチンや治療法の開発につながることが期待されます．

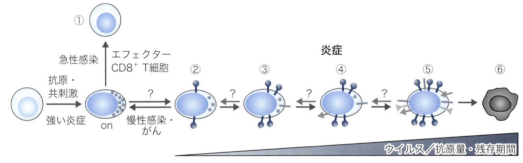

図21 慢性感染時にはCD8$^+$ T細胞が疲弊し，機能を失う

5）B細胞[13) 21)]

　B細胞には，成体の骨髄で未成熟B細胞まで分化した後，脾臓などで成熟し，2次リンパ組織を循環する**B2細胞**と，発生期に腹腔，胸腔，腸管など一部の組織に定着して維持される**B1細胞**に大別されます．B1細胞は抗原刺激非依存的に産生され，消化管内微生物などの脂質や糖鎖などに弱く反応する抗体（**自然抗体**とよぶ）の主な産生源であり，一方B2細胞は2次リンパ組織に流入した抗原を認識して高親和性の抗体を産生する液性免疫応答の主役であり，一般的にB細胞といえばB2細胞を指します．抗原刺激を受けて活性化したナイーブB細胞はT細胞と同様にクローン性に増殖し，抗体を大量に産生する**形質細胞**または長期記憶を担う**メモリーB細胞**へと分化します．炎症組織に存在する異物の抗原情報は，多くが輸入リンパ管を通じてリンパ節の辺縁洞に流入し，分子量が70,000以下の比較的小さい可溶性抗原は辺縁洞と濾胞をつなぐ導管を通り，B細胞に提示されます．一方，不溶性の抗原や分子量の大きい可用性抗原は辺縁洞に存在するマクロファージにより貪食，消化された後，濾胞へ放出されB細胞に提示されます．濾胞では補体受容体を高発現する濾胞樹状細胞（follicular DC：FDC）とよばれる間質系の細胞が，抗原を免疫複合体（抗体，補体を含む）という形で捕捉し，長期間提示します（図22）．

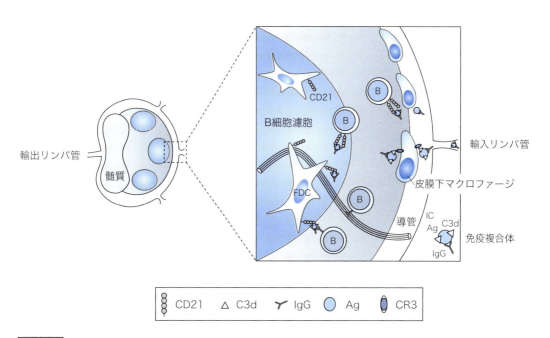

図22　B細胞への抗原提示経路

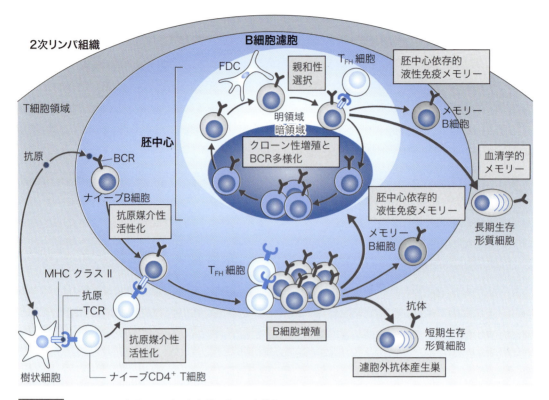

図23 T細胞依存的なB細胞応答（TD応答）

抗原を認識し活性化したB細胞は一時的にT-B -borderに移動します．ここで点線で囲んだ箇所のように，活性化したCD4⁺ T細胞からの介助シグナルを受けてTD応答は促進されます．文献21より引用．

◆ T細胞依存的／非依存的なB細胞の応答

　抗原刺激を受けたB細胞の応答は，CD4⁺ T細胞による介助への依存性に基づいてT細胞依存的（T-dependent：TD）とT細胞非依存的（T-independent：TI）の2種類に大別されます．TI応答は，リポ多糖などの主に反復構造を有する非タンパク質性抗原（ポリペプチドではないため，古典的MHC上には提示されない）に対して誘導され，細菌やウイルスによる感染早期，T細胞応答が惹起されるよりも以前の抗体産生を担うものです．一方TD応答は主にタンパク質抗原に対して誘導されます．B細胞が抗原を認識し活性化した後，一時的にT細胞領域とB細胞領域の境界（T-B border）へ移動して，同時期にタンパク質抗原を認識して活性化したCD4⁺ T細胞からの介助シグナル（CD40L-CD40軸や，各種のサイトカインなど）を受けることでTD応答は促進されます（図23）．介助シグナルを受けた活性化B細胞では，増殖とともに抗体定常領域のクラススイッチ組換え（IgM抗体からIgG，IgA，IgE抗体への変換など）が誘導され，多くが短期生存型形質細胞へと分化します．増殖した短期生存形質細胞は，リンパ節では髄質領域に蓄積して大量の抗体を産生し，全身性に特異抗体を供給します．一方，介助シグナルを受けた活性化B細胞の一部は再び濾胞領域に移動して

増殖し胚中心を形成します．炎症が生じてから約1週間経過した後に顕著となる胚中心では，抗原特異的B細胞，T_{FH}，FDCなど，複数の細胞が抗原刺激やサイトカインなどを介して相互作用します．この間に持続的な抗原刺激を受け増殖するB細胞では体細胞突然変異により抗原受容体遺伝子領域に変異が導入され，親和性成熟が起きます．この胚中心応答がTD応答の大きな特徴であり，高親和性のメモリーB細胞や長期生存型抗体産生細胞の産生，すなわち良質な抗体記憶に不可欠な応答と言えます．最近，メモリーB細胞が長期間維持される仕組みとして，メモリーB細胞に特徴的に発現するIL-9受容体に，メモリーB細胞自身が産生するIL-9が作用し，その増殖を促進していることが報告されました．

◆ **抗体の機能と種類の概要**

　B細胞応答によって産生される各種の抗体は個体防御を達成するうえでさまざまな機能を担うことが報告されていますが，主たるものは，①抗原の中和，②抗原の修飾（**オプソニン化**），③定常領域（Fc）受容体を介した免疫細胞の機能制御の3つです．これらの作用を通じて，ウイルスなどの感染因子や細菌・真菌が産生する毒素の機能阻害や，免疫細胞による抗原の捕食・破壊の亢進，免疫細胞の活性化・抑制などの効果を発揮します．また，このような機能を最大限発揮するために，抗体産生部位（実効部位）やその誘導刺激の種類に応じてクラススイッチ後に主体となるアイソタイプが異なっています．例えば，気管・消化管などの粘膜面が実効部位であればIgAが，寄生虫感染時にはIgEが，皮膚や全身性の細菌・ウイルス感染ではIgGが，多くの場合主たるアイソタイプとなります．

4 新しい免疫細胞—自然リンパ球（ILC）

1）ILCとは

　自然リンパ球（innate lymphoid cell：**ILC**）とは，抗原受容体をもたず，lineageマーカー[※2]を発現していない，リンパ球共通前駆細胞（common lymphoid progenitor：CLP）を起源とするリンパ球集団であり，2010年頃に提唱された比較的新しい細胞分類です．ILCは全身の組織のうち粘膜組織に数多く存在していて，近年の研究により種々のサイトカイン産生を通じた，感染やアレルギーの初期応答への関与が示唆されています．2019年現在，ILCのサブセットとしては，その機能面での違い，またキラーCD8$^+$ T細胞，ヘルパーCD4$^+$ T細胞サブセットの分類にならって，「NK細胞，1型（ILC1），2型（ILC2），3型（ILC3）」の大きく分けて4種類に分類されています．NK細胞が自然リンパ球分類のなかに含まれているのは，本項の冒頭で述べ

※2　lineageマーカー：他の細胞系列で発現している抗原．
　　　マウス：CD3，CD11b，B220，Gr-1，Ter119
　　　ヒト：CD3，CD14，CD16，CD19，CD20，CD56

たような発生系譜上のILCの定義に当てはまるからです．ILC1〜3はNK細胞と異なり細胞傷害活性を有さないので，ヘルパーILCともよばれます．以下，各ヘルパーILCの機能について，現在わかっていることを紹介します．

2）ヘルパーILCの分化と炎症機能

　2019年現在，ILC1〜3は，Th1，Th2，Th17の各ヘルパーCD4+T細胞と同様に，そのサイトカイン発現および分化に必要な転写因子によって分類されています（**表6**）．Th1細胞に相当するILC1は，転写因子T-bet依存的に分化し，IL-12刺激に応答して，Th1細胞と同様にIFN-γ，TNF-αを産生します．ILC1はNK細胞と同様に，NK1.1やNCR（natural cytotoxicity receptor）であるNKp46を細胞表面に発現していますが，NK細胞とは異なりその分化にEomes（Eomesodermin）を必要としません．Th2細胞に相当するILC2は，転写因子Gata3，RORα依存的に分化し，アラーミンであるIL-25やIL-33刺激に応答して，Th2細胞と同様にIL-4，IL-5，IL-9，IL-13などを産生します．Th17細胞に相当するILC3は，転写因子RORγt依存的に分化し，IL-23やIL-1刺激に応答してIL-17やIL-22を産生します．ILC3の機能維持にはAhr（Aryl hydrocarbon receptor）が重要であることも報告されています．

サブセット	細胞表面で発現している受容体	分化に必要な転写因子	産生する炎症介在因子
NK	IL-12R　NCR	T-bet，Eomes	IL-12刺激に応答して，IFN-γ，TNF-α，パーフォリン，グランザイムを産生
ILC1	IL-12R　NCR　ヘルパーILC1　IL-7Rα	T-bet	IL-12刺激に応答して，IFN-γ，TNF-αを産生
ILC2	IL-25R　IL-33R　ICOS　IL-7Rα	GATA3，RORα	IL-33，IL-25，TSLP刺激に応答して，IL-4，IL-5，IL-9，IL-13，Aregを産生
ILC3	IL-23R　IL-1R　CCR6　NCR⁻ ILC3　IL-7Rα	RORγt　Ahr（機能維持に必要）	IL-1β，IL-23刺激に応答して，IL-17，IL-22を産生
	IL-23R　IL-1R　NCR　NCR⁺ ILC3　IL-7Rα	RORγt　Ahr（機能維持に必要）	IL-1β，IL-23刺激に応答して，IL-22を産生

表6　ILCサブセットと特徴的な分子群

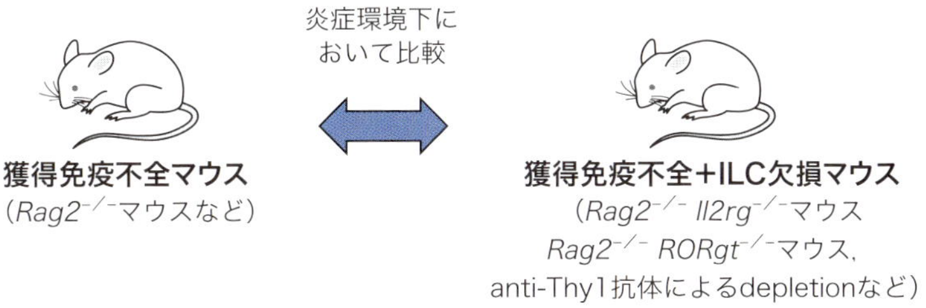

炎症環境下に
おいて比較

獲得免疫不全マウス
（Rag2$^{-/-}$マウスなど）

獲得免疫不全＋ILC欠損マウス
（Rag2$^{-/-}$ Il2rg$^{-/-}$マウス
Rag2$^{-/-}$ RORgt$^{-/-}$マウス，
anti-Thy1抗体によるdepletionなど）

図24　ILCの生体内での機能解析のために用いられている手法
T，B細胞などその他の獲得免疫系に影響を与えずILCのみ特異的に介入する方法はいまだない．

　ILCの炎症病態における機能は，さまざまな動物モデルを用いて研究されています．特に注意しないといけないこととして，ILCの維持に重要な分子（前述のT-bet，RORα，RORγtなどの転写因子やIL-2Rγなど）は獲得免疫系の維持にも重要なため，ILCのみに対する特異的介入法は2019年現在いまだ存在しないことがあげられます．そのため，ILCの生体内での機能研究は，獲得免疫不全マウス（RAGノックアウトマウスなど）と，獲得免疫・ILCの両者を欠失するマウスの比較に基づいていて，獲得免疫が正常な場合のILCの炎症病態への寄与については全く不明なのが現状です（図24）．

◆ ILC1と疾患

　獲得免疫が欠損しているという条件のもとで，ILC1は腸管におけるサルモネラ菌の感染防御に重要であることが報告されています．また，T-bet/RAG2ダブルノックアウトマウスは腸炎を発症することから，ILC1は腸管環境の病原菌からの防御や，恒常性維持において重要な可能性があります．クローン病や慢性閉塞性肺疾患（COPD）の炎症組織中ではILC1が増加していることが知られていて，これらの病態にも関与しているかもしれません．また，がん免疫において，IFN-γやTNF-αは第一義には抗がん作用を有することがよく知られていますが，ILC1もIFN-γ，TNF-αを産生するため，がん免疫にも関与する可能性が示されています．

◆ ILC2と疾患

　ILC2は，寄生虫感染に対し防御的に働くことが知られています．その一方で，ILC2が産生するIL-4，IL-5，IL-13はアレルギー応答において中心的なサイトカインですので，ILC2がアレルギー病態において重要な役割をもっている可能性があります．実際に，パパインやハウスダスト誘導性の気管支喘息モデル，アトピー性皮膚炎モデル，慢性副鼻腔炎モデルなどでILC2が病態を悪化させる方向に働いていることが示されています．

◆ ILC3と疾患

　ILC3は腸管に数多く分布していることが知られています．ILC3が産生するIL-22

は腸管の上皮バリアの維持，腸内細菌叢における病原性細菌の増殖抑制，腸管の恒常性維持に寄与しています．その一方で，*Helicobacter hepaticus* 誘導腸炎モデルにおいて，ILC3は傷害された上皮由来のIL-23により活性化され，IL-17やIFN-γ依存的に腸炎悪化に寄与していることも知られています．ILC3は腸管以外においても，IL-1β，NLRP3インフラマソーム依存的に気道過敏性を増強することが知られています．その他にもILC3のサブセットの1つであり，転写因子Id2依存的であるLTi（lymphoid tissue inducer）細胞は，CCR6を発現しており，その名の通りリンパ節やパイエル板，クリプトパッチ[※3]の形成に必須の細胞集団です．

3）ヘルパーILCの分化の可塑性[22)～24)]

ヘルパーT細胞と同様に，ILCの分化も可塑性があることが知られています．すなわち，ILCのサブセットは，細胞が存在するサイトカインの種類の違いなどの環境要因により，異なるILCサブセットへと変化することもあります．ILC3はIL-2，IL-12，IL-15などによりILC1になり，IL-1やIL-23は逆にILC1からILC3への変化を促します．IL-1βはまた，ILC2のILC1への変化も誘導します．これらは *in vitro* 培養環境下での現象ですので，生体内においてどの程度可塑的変化がILCのサブセット間で生じているのか，また各サブセットにどの程度不均一性（heterogeneity）があるのかは今後の課題だと言えるでしょう．

5 炎症と免疫細胞の代謝

炎症に伴い活性化した免疫担当細胞は，増殖，分化，移動，貪食などのさまざまな細胞活動を維持するためにエネルギー分子であるATPやアミノ酸などを大量に消費します．一方，炎症部位では浸潤白血球などが組織液中の酸素や栄養分などを大量に消費するため，低酸素，低栄養状態になりやすい環境にあります．このような内的・外的要因に適応するため，免疫担当細胞は炎症時に細胞内代謝経路をリプログラムします．また，免疫担当細胞における代謝と細胞機能は密接に関連しており，最近では代謝に介入することで腫瘍部位に浸潤したT細胞の活性を維持できることなども報告されています．

まず，細胞の基本的なエネルギー代謝を述べます．多くの細胞は，エネルギー源としてグルコースを使用します．グルコースは解糖系によって種々の中間産物を経てピルビン酸へと代謝され，このピルビン酸の多くは酸素を十分に利用できる好気的条件下ではミトコンドリアに入ります．その後，酸化的リン酸化経路によって水と二酸化炭素に分解される過程でATPが産生されます．一方，嫌気的条件下ではピルビン酸は

※3　パイエル板，クリプトパッチ：腸管に存在する腸管関連リンパ組織．両者ともに粘膜固有層に存在し，パイエル板はIgA産生に重要な役割を有している．

ミトコンドリアに入らず細胞質内で乳酸へと代謝され，この過程でATPが生成されます（嫌気性解糖系）．酸化的リン酸化にはエネルギー産生効率に，嫌気性解糖系には反応速度に長所があります．グルコース1分子から産生されるATPは，酸化的リン酸化経路が32分子であり，嫌気性解糖系の2分子と比較してエネルギー産生効率が高く，一方で1分子あたりのATP合成速度は解糖系が酸化的リン酸化の約100倍であり迅速です．また，酸化的リン酸化と嫌気性解糖系に加えて，がん細胞や一部の免疫細胞は，酸素が十分に存在する好気的条件下でも解糖系を使ってATPを産生することがあります（**図25**）．**ワールブルグ効果**として知られるこの好気性解糖系路にどのような意義があるのかはいまだに議論があります．

免疫細胞のなかでも代謝と分化・機能との関連に関する研究が比較的進んでいるのは，T細胞とマクロファージです．ナイーブT細胞やTregは，主に酸化的リン酸化を行うことでATPを産生し，その生存を維持しています．一方，抗原認識に伴い活性化したエフェクターT細胞ではグルコースの取り込みが亢進し，解糖系がATP産生の主役となります．興味深いことに，活性化したT細胞ではグルタミン代謝も亢進しており，これがT細胞の増殖に重要な役割を果たすこともわかっています．抗原排除後に長期間生体内に残るメモリーT細胞では，再びナイーブT細胞と同様の代謝経路が使われます（**図26**）．

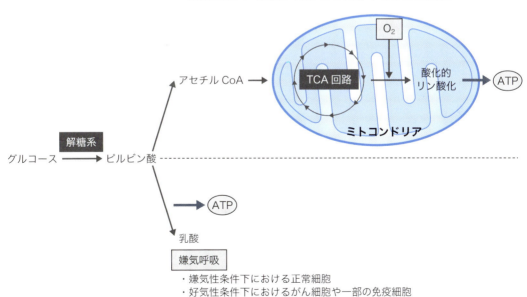

図25　細胞のエネルギー代謝
がん細胞や一部の免疫細胞は好気性条件下でも解糖系を利用する．

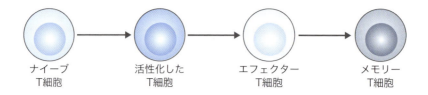

図26 活性化に伴うT細胞のエネルギー代謝変化

　マクロファージは前述のように，IFN-γやLPSの刺激によって誘導される炎症性／生体防御能の高いM1型と，IL-4によって誘導される抗炎症性／組織修復能の高いM2型に大別されます．M1マクロファージではグルコースの取り込みが亢進し，解糖系がATP産生の主体となっており，またTCAサイクルが2カ所で分断された結果，クエン酸やイタコン酸が増加します（**図27**）．クエン酸は脂肪酸合成やプロスタグランジン，NOの前駆物質として生体防御に寄与し，イタコン酸もIL-1βなどのサイトカイン産生誘導，抗菌作用にかかわるなど，M1マクロファージの機能に重要な役割を果たしています．一方，M2マクロファージは，脂肪酸の取り込みが亢進しており，酸化的リン酸化がATP産生の主体となっています（**図28**）．M2マクロファージではアルギニンの加水分解酵素であるarginase Iの発現が高く，アルギニンからオルニチンと尿素への代謝が亢進しています．オルニチンから合成されるポリアミンには炎症性サイトカインやNO産生を抑制する働きも報告されており，M2マクロファージの抗炎症作用に寄与している可能性があります．

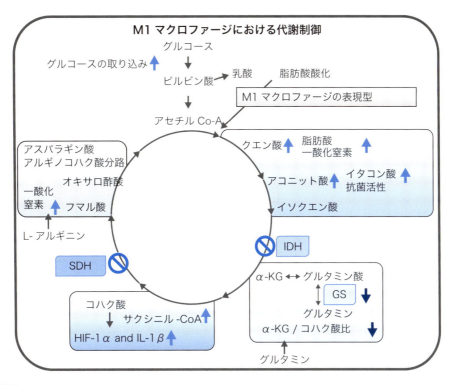

図27 M1マクロファージの代謝制御

M1マクロファージではグルコース取り込みが亢進しており，クエン酸回路（TCAサイクル）の開始に不可欠なアセチルCo-Aを供給しています．クエン酸回路では，アセチルCo-Aがオキサロ酢酸へアセチル基を付加してクエン酸に変換され，8つの酵素反応を経てアセチル基が分解されます．この際，再びオキサロ酢酸が生成されることからサイクル反応を形成していますが，M1マクロファージではクエン酸回路が2点で分断されています．最初の分断は，イソクエン酸デヒドロゲナーゼ（IDH）の発現が低いことに起因し，イソクエン酸からα-ケトグルタル酸（α-KG）への変換が抑制されています．これにより，M1マクロファージでは抗菌作用をもつイタコン酸やクエン酸が増加します．クエン酸はプロスタグランジン（PG）および一酸化窒素（NO）産生の材料となる脂肪酸（FA）合成の材料であり，IDHの低発現はPGやNOの増加といったM1マクロファージの炎症誘導能，抗菌作用に寄与します．第二の分断は，コハク酸デヒドロゲナーゼ（SDH）の活性が低いことに起因し，コハク酸のフマル酸への変換が抑制されています．コハク酸は転写因子HIF-1αを安定化し，HIF-1αを介するIL-1β産生および炎症を促進するため，M1マクロファージではIL-1βの産生が亢進しています．一方，フマル酸はアスパラギン酸アルギノコハク酸分路によってもクエン酸回路に供給されており，この補充反応によりさらにクエン酸の量が増加し，前述のようにM1マクロファージの性質が強化されます．また，グルタミンがグルタミン酸合成酵素（GS）によってグルタミン酸に変換され，さらにα-ケトグルタル酸へと変換される補充反応も存在しています．α-ケトグルタル酸の量がコハク酸に比較して低いことが，M1マクロファージの活性化を強化しています．文献25より引用．

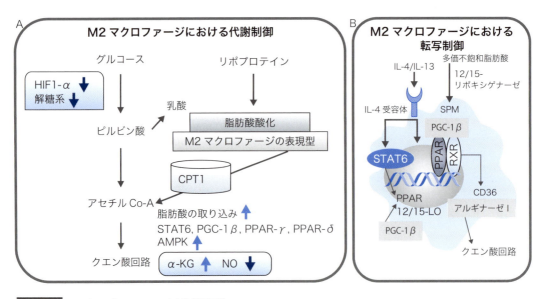

図28 M2マクロファージ代謝調節

A) M2マクロファージでは, 脂肪酸の取り込みが亢進しており, 脂肪酸を利用する代謝プログラムや酸化的リン酸化 (OXPHOS) が活性化している一方でHIF-1αおよび解糖系の活性が低くなっています. 脂肪酸の酸化と酸化的リン酸化はいずれもM2マクロファージの抗炎症作用に関与しています. B) M2マクロファージを誘導するサイトカインIL-4は, 転写因子STAT6の活性化を介してPPARγコアクチベータ1β (PGC-1β), 転写因子PPAR (γ, δ), 12/15-リポキシゲナーゼ (LO) の発現を誘導します. 12/15-LOは多価不飽和脂肪酸 (PUFA) を強力な炎症収束作用を有するメディエーター (specialized pro-resolving mediator: SPM) に変換します. PGC-1βと転写因子PPARγが相互作用することで, 脂肪酸のβ酸化に関わるカルニチンパルミトイルトランスフェラーゼ1 (CPT1) の発現が誘導され, また, PGC-1βとPPARδが相互作用することで, M2マクロファージの抗炎症作用に関わるさまざまな遺伝子の発現が誘導されます. PUFAがSPMへ変換される過程で生成される中間産物は, PPARを活性化するリガンドとして働きます. Aは文献25より引用, Bは文献25を元に作成.

参考文献

1) Willebrand R & Voehringer D: Curr Opin Hematol, 24: 9-15, 2017
2) Kubo M: Curr Opin Immunol, 54: 74-79, 2018
3) 『マクロファージの起源, 発生と分化』(高橋 潔/著), 2008
4) 『医学のあゆみ (Vol.259 No.5) マクロファージのすべて』(松島綱治/編), 医歯薬出版, 2016
5) Sieweke MH & Allen JE: Science, 342: 1242974, 2013
6) Worbs T, et al: Nat Rev Immunol, 17: 30-48, 2017
7) Eisenbarth SC: Nat Rev Immunol: doi:10.1038/s41577-018-0088-1, 2018
8) Swiecki M & Colonna M: Nat Rev Immunol, 15: 471-485, 2015
9) Shifrin N, et al: Semin Immunol, 26: 138-144, 2014
10) Flannagan RS, et al: Annu Rev Pathol, 7: 61-98, 2012
11) O'Neill LA, et al: Nat Rev Immunol, 13: 453-460, 2013
12) McInturff JE, et al: J Invest Dermatol, 125: 1-8, 2005
13) 『分子細胞免疫学 原著第7版』(Abbas AK, 他/著, 松島綱治, 山田幸宏/訳), エルゼビア, 2014
14) Tang J, et al: Front Immunol, 9: 123, 2018
15) Swirski FK, et al: Science, 325: 612-616, 2009

16) Shand FH, et al：Proc Natl Acad Sci U S A, 111：7771-7776, 2014

17) Netea MG, et al：Science, 352：aaf1098, 2016

18) Kaech SM & Cui W：Nat Rev Immunol, 12：749-761, 2012

19) Amsen D, et al：Nat Immunol, 19：538-546, 2018

20) Mueller SN & Mackay LK：Nat Rev Immunol, 16：79-89, 2016

21) Kurosaki T, et al：Nat Rev Immunol, 15：149-159, 2015

22) Klose CS & Artis D：Nat Immunol, 17：765-774, 2016

23) Spits H, et al：Nat Immunol, 17：758-764, 2016

24) Mattner J & Wirtz S：Trends Immunol, 38：29-38, 2017

25) Angajala A, et al：Front Immunol, 9：1605, 2018

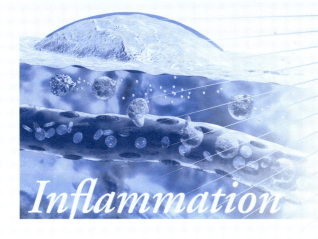

第3章

さまざまな炎症介在因子

第3章

さまざまな炎症介在因子

1 サイトカイン

　サイトカインは炎症，免疫制御のみならず，感染防御，がん病態，神経・内分泌・代謝制御などさまざまな体の機能調節に働く重要な生体制御因子であり，発生・分化，造血・免疫システムの構築など生理的条件下においても必須の因子群です．サイトカインはさまざまな体細胞によって産生されるポリペプチド性の生理活性物質であり，多くは炎症・免疫応答という生体にとっての緊急時に産生誘導されます．サイトカインは対応する受容体を介して産生細胞自身や (autocrine)，近傍の細胞 (paracrine)，またホルモンのように遠くの細胞 (endocrine) にも作用します．さらに，1つの分子が複数の活性を有し，多様な細胞・組織に作用します．また，複数のサイトカインが同様な活性を有し（冗長性，redundancy），あるサイトカインは，別のサイトカインを誘導・制御するなどサイトカインカスケード・ネットワークを形成しています．多くのサイトカインはpMオーダーで作用する点では，nMオーダーで作用するホルモンとは活性を発揮する濃度の階層が異なる生理活性物質群です．

1）抗ウイルス作用を有するサイトカイン：インターフェロン[1]〜[10]

◆ インターフェロンの種類

　現在では，インターフェロン（interferon：IFN）はタンパク質構造や受容体の認識

Column

さまざまな源流，歴史を有するサイトカイン —インターフェロン研究の歴史

　1957年にAlick IsaacsとJean Lindenmannによりインフルエンザウイルス感染細胞の培養上清中に，感染ウイルスのみならず他のウイルス感染も抑制する活性が存在することが報告されました．同様な活性は，日本の長野泰一と小島保彦によっても同時期に報告されています．厳密に誰が最初だったのかは議論がなされておりますが，これらがインターフェロン研究の源流です．

　その後，生化学的精製，産生細胞の違い（白血球，線維芽細胞，免疫細胞など）により複数の抗ウイルス活性を有するIFNが存在することが明らかになり，1980年代の初頭に長田重一によりIFN-αの，谷口維紹によりIFN-βのcDNAがクローニングされ，はじめて分子実体が明らかになりました．T細胞が産生するIFN-γはPatrick Grayらによりクローニングされました．

66　　もっとよくわかる！炎症と疾患

によりⅠ型，Ⅱ型，Ⅲ型に分類されます．IFN-αとβの受容体は共通であり，また各インターフェロンをコードする遺伝子の染色体上の位置も近接するためにⅠ型IFNと分類される一方，IFN-γは別の受容体に作用しⅡ型IFNと分類されます．1999年にはYong-Jun Liuらにより末梢血中の主なIFN-α産生細胞natural IFN-producing cellsが形質細胞様樹状細胞（pDC）と同定されました．IFN-βは主に線維芽細胞，IFN-γは活性化Th1ならびにCTL・NK細胞などの免疫細胞によって産生されます．Ⅲ型IFNには，IFN-λ1（IL-29），IFN-λ2（IL-28A），IFN-λ3（IL-28B）の3種類があります．

◆ インターフェロンの受容体とシグナル伝達 （図1）

インターフェロン受容体のサブユニットにはIFNAR1，IFNAR2，IFNLR1，IL-10R2，IFNGR1，IFNGR2があり，Ⅰ型インターフェロン受容体はIFNAR1とIFNAR2のヘテロダイマーから，Ⅱ型インターフェロン受容体はIFNGR1とIFNGR2のヘテロダイマーから，Ⅲ型インターフェロン受容体はIFNLR1とIL-10R2のヘテロダイマーから構成されています．Ⅰ型とⅢ型のインターフェロンでは，リガンドが受容体に結合すると，受容体に会合してシグナルを伝達するチロシンキナーゼであるJAK1とTYK2のリン酸化が引き起こされます．その後，転写因子であるSTAT1とSTAT2がリン酸化されダイマーを形成します．さらに転写因子IRF9（interferon regulatory factor-9）が結合した複合体が核内に移行し，さまざまな遺伝子の転写調節を行います．一方，Ⅱ型インターフェロンは，リガンドが受容体に結合するとJAK1とJAK2のリン酸化が引き起こされますが，その後，STAT1同士でホモダイマーを形成し核内に移行します（図1）．

◆ インターフェロンの機能および疾患治療への活用

IFNは，抗ウイルス活性以外に腫瘍細胞などに対する直接の細胞増殖抑制活性を有します．IFN-γは抗原提示細胞（樹状細胞など）の組織適合抗原クラスⅠ/Ⅱ（MHCクラスⅠ/Ⅱ）の発現亢進，抗原のプロセシング促進，Th1分化誘導などを通して免疫を促進します．また，IFN誘導タンパク質，生理活性物質誘導を通して炎症・免疫反応を制御します．

IFNの抗ウイルス活性は，PKR（protein kinase R）によるeIF2aのリン酸化によるタンパク質翻訳抑制，2',5'-OAS（oligoadenylate synthetase）活性化によるRNA分解作用，ADAR1（adenosine deaminase1）活性化によるRNA editingなどが関与すると言われています．IFNの抗ウイルス作用を利用してIFNα/βは，1980年代後半からC型肝炎ウイルス（HCV）感染に伴う肝炎（C型慢性肝炎）治療に使われ劇的な臨床効果をあげました．IFN治療の効きやすさはウイルスゲノムの型に依存する一方，IFNの一種であるIL-28B遺伝子ならびにその近傍の遺伝子多型SNPsが治療効果に大きな影響を与えることがわかっています．IFNの治療効果を上げるためにこのようにウイルス側，宿主側の要因の検索が行われ，IFNをPEG化したりまた抗ウイルス

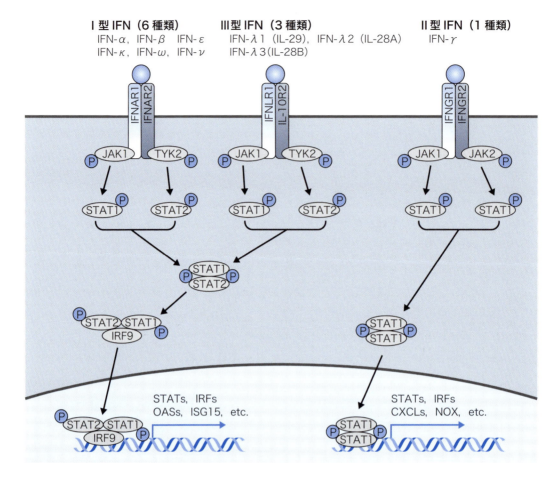

図1 インターフェロン受容体と細胞内シグナル

剤Ribavirinと併用することが実施されてきました．しかし，C型慢性肝炎に対するIFN治療は今やより効果的なHCVプロテアーゼ阻害剤に置き換わろうとしています．

2）腫瘍壊死因子：TNFファミリー [11)〜19)]

◆ 腫瘍壊死因子の種類

ヒト**腫瘍壊死因子**（tumor necrosis factor：**TNF**）は分子量17,000，等電点5.6の糖鎖がつかない157アミノ酸からなります．TNFは主にマクロファージにより産生されますが，一方，1969年にGale Grangerらによって発見されたLT（lymphotoxin）はTNFと同様の活性を有し（アミノ酸配列で80％の相同性）主にTリンパ球によって産生されます．現在では，従来よりTNFとして扱われていたものをTNF-α，LTをTNF-βとよぶ場合が多いです．ヒトTNF，LTのcDNAのクローニングはいずれもBharat Aggarwalによって行われました．なお，LTαとヘテロダイマー（LTα/β2）を形成

し免疫組織形成などに関与する分子をLTβともよぶので少し複雑で混乱しそうです.

TNF-α前駆体はⅡ型膜貫通タンパク質としてつくられ，メタロプロテアーゼTACE（ADAM17）により切断されることで分泌され三量体として働きます．LTαはホモ三量体として膜結合型でも分泌型としても活性を有しますが，LTα/β2ヘテロ三量体は膜結合型でのみ機能します．TNF-α三量体，LTα三量体は受容体TNFR1/2に作用し，炎症反応に関係するさまざまな因子・サイトカインの産生を誘導するとともに腫瘍細胞のアポトーシスを誘導します.

◆ TNF受容体の種類とシグナル伝達 （図2）

TNF受容体には，低分子量のTNFR1および高分子量のTNFR2があり，いずれもホモ三量体の受容体です．また，TNFSF（TNF ligand superfamily）に属するFasリガンド（FasL）の受容体もFasR（CD95）のホモ三量体で構成されています．これらの受容体は細胞膜貫通タンパク質であり，TNFR1とFasRは細胞内領域にアポトーシスにかかわるDEATHドメインがありますが，TNFR2にはDEATHドメインがありません.

TNF-αがTNFR1に結合するとTNFR1が三量体を形成しDEATHドメインが凝集されます．DEATHドメインの凝集によりアダプタータンパク質であるTRADD（TNF受容体関連デスドメイン）の局在化が引き起こされます．すると，TRADDに誘導されてFADD（Fas関連デスドメイン），RAIDD（デスドメイン含有RIP関連ICH-1/

第**3**章

さまざまな炎症介在因子

Column

腫瘍壊死因子TNFの発見史

ニューヨーク市のMemorial Sloan-Kettering Cancer CenterのLloyd Oldは腫瘍免疫の父とも言うべきWilliam Coleyの細菌由来トキシンによる抗腫瘍効果に興味をもち，大腸菌由来エンドトキシン（endotoxin）による腫瘍壊死現象を追いかけました．担がんマウス（Meth Aを移植されたBalb/cマウス）をBCGで感作・プライミングした後少量のエンドトキシンを投与することにより強力な出血性腫瘍中心壊死が引き起こされ，その血清中に腫瘍壊死をもたらす活性因子が存在することを見出しました．これは，インターフェロンでもエンドトキシンのコンタミによるものでもないことを証明し，腫瘍壊死因子TNF（tumor necrosis factor）と命名しました[11]．一方，隣のRockefeller大学のAnthony Ceramiの研究室に所属していた川上正舒は，ウサギにおいて寄生虫（trypanosomesなど）感染が乳糜血漿（高脂血症，hyperlipidemia＝血管内皮のlipoprotein lipaseの抑制による血漿

中triglyceride上昇による），低血糖，インスリン抵抗性，貧血などを引き起こすことに興味をもちました．川上がマウスにエンドトキシンを投与したところ同様なことが再現され，血漿中にlipoprotein lipase抑制活性を見出しました．さらに，このような因子がエンドトキシンで活性化したmacrophageによっても産生されることを見出しCachectinと命名しました.

後に，同研究所のBruce BeutlerがCachectinとTNFが同一物質であることを証明しました[14]．Beutlerはその後，エンドトキシンの受容体がTLR4であることを証明しNobel賞を受賞しました.

なお，川上，Ceramiは，Cachectin/TNFに対するmonoclonal抗体を作製し，抗TNF抗体が関節リウマチ（RA）を含む炎症疾患の治療に使えることを記載しました，今日の「RAを含む炎症・自己免疫疾患治療の基盤となる用途特許」を得ています.

69

CED-3-相同タンパク質)，MADD（MAPK活性化デスドメイン），RIP（受容体相互作用タンパク質）が凝集し，アポトーシスカスケードのイニシエーターであるカスパーゼ-8が活性化されます．活性化したカスパーゼ-8がアポトーシス促進性タンパク質であるBIDを切断し，そのシグナルによりミトコンドリアからシトクロム-Cが放出されます．シトクロム-Cはアポトーシスプロテアーゼ活性化因子1（APAF-1）と結合し，カスパーゼ-9との活性化複合体を形成することでカスパーゼ-3を切断し，エフェクターカスパーゼであるカスパーゼ-3を活性型にします．このシグナルによりアポトーシスが引き起こされ細胞死につながります．このようなアポトーシスシグナルとは別に，TNF-αとTNFR1からのシグナルは，TNFR結合因子ファミリーの1つであるTRAF-2を介してストレス応答MAPキナーゼ経路ともよばれるJNK経路と，TRAF-2からのシグナル伝達の下流にある転写因子NF-κBを活性化することで，さまざまな炎症性サイトカイン産生誘導や細胞増殖を促進します．

TNFR2はTNF-αとTNF-βの両方と結合します．リガンドと結合するとTRAF-2やRIPを介してJNKやNF-κBを活性化し細胞増殖を促進します．

FasLがFasに結合するとTNFR1と同様に受容体が三量体を形成し，DEATHドメイ

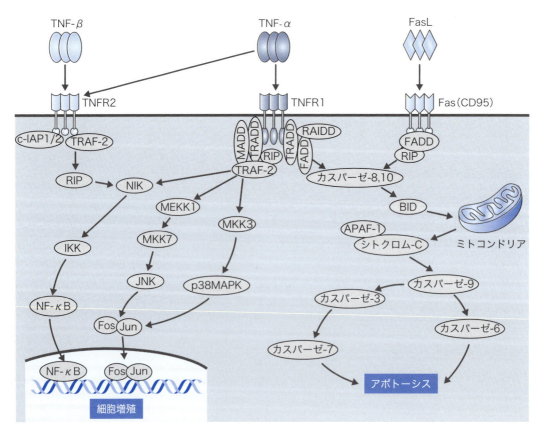

図2 TNFファミリーと細胞内シグナル伝達の模式図

ンが凝集されます．その後，FADDが結合し，カスパーゼ-8やカスパーゼ-10が活性化されアポトーシスが引き起こされます（**図2**）．

LTα/β2ヘテロ三量体はLTBRに結合し，リンパ球の成熟・免疫応答調節，リンパ組織形成にかかわります．

◆ TNFスーパーファミリー

TNFと同様な生理活性を有する物質が多く発見され，大きなTNFSFを形成することが判明しております．そのなかには，LIGHT，4-1BBL，FasL，OX40L，APRIL，BAFF，RANKL，TRAIL，CD40Lなど発生や免疫・炎症応答にかかわる多くの重要な因子が含まれております．TNFSFのサイトカインの多くはホモ三量体でリガンドとして機能します．TNFSFの受容体もホモ三量体として機能するものが多く，細胞外領域のシステインくり返し配列，細胞内領域のDEATHドメインが共通しています．

3）血液分野で発見された造血因子[20)〜22)]

◆ 造血因子の種類

造血幹細胞，造血前駆細胞の増殖分化を制御するサイトカイン・増殖因子にはSCF，FLT3L，IL-3，IL-7，エリスロポエチン，トロンボポエチン，G-CSF，GM-CSF，M-CSF（CSF-1）などがあります．これらの多くは，恒常的に生理的条件下での造血を制御します．

◆ IL-3/5，GM-CSFの受容体と機能（図3）

IL-3，IL-5，GM-CSFの受容体はリガンドとの結合能のある固有のαサブユニット（IL-3Rα，IL-5Rα，GM-CSFRα）とシグナル伝達に重要な働きをもつ共通のβサブユニットにより構成されています．αサブユニットは各サイトカインに対して低親和性を示し結合しますが，βサブユニットは単独ではサイトカインとは結合しません．しかし，サブユニットがヘテロダイマーを形成すると高親和性の受容体となります．これらのサイトカインはそれぞれの受容体を介してJAK2/STAT5経路，ERK/MAPキナーゼ経路などを活性化します．

また，IL-5受容体のα鎖には膜結合型と分泌型の2つが存在し，分泌型はアンタゴニスト分子として機能します．

これらの受容体からのシグナルは血液細胞の分化と結びついています．IL-3は造血幹細胞に対して作用し，好塩基球，好酸球，単球系細胞，肥満細胞などへの分化・増殖を促進します．また，成熟肥満細胞に作用して増殖や活性時のヒスタミン放出を促進します．IL-5は，B細胞，T細胞，好酸球，好塩基球などに作用し，成熟，生存，分化を促進します．また，好塩基球前駆細胞に対して作用し，好塩基球への分化を促進します．GM-CSFは主に骨髄系前駆細胞に作用して，マクロファージや顆粒球への分化を促進します．これらの受容体に共通するβ鎖のノックアウトマウスでは，肺胞タンパク質症様の疾患と末梢血中の好酸球の減少が生じます．

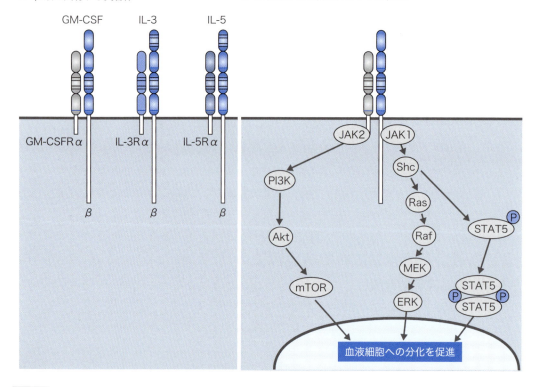

図3 β鎖を共有する受容体と細胞内シグナル伝達

4）細胞生物学・がん分野で主に研究されてきた細胞増殖因子[23) 24)]

　　上皮細胞，間葉系細胞，内皮細胞など多くの体細胞の増殖，分化，機能制御を担う重要な因子群であり，EGF，FGF，PDGF，VEGFなどが代表的な因子でありますが，これらと類似した機能をもった分子も数多く存在し種々の臓器の恒常性維持に働きます．一方，がん細胞の増殖，悪性化，転移などにも働く場合があります．TGF-βは，がん細胞の**上皮間葉転換**（epithelial to mesenchymal transition：**EMT**）を引き起こしたり，強力な免疫抑制因子として働いたり，組織線維化にかかわります（**図4**）．

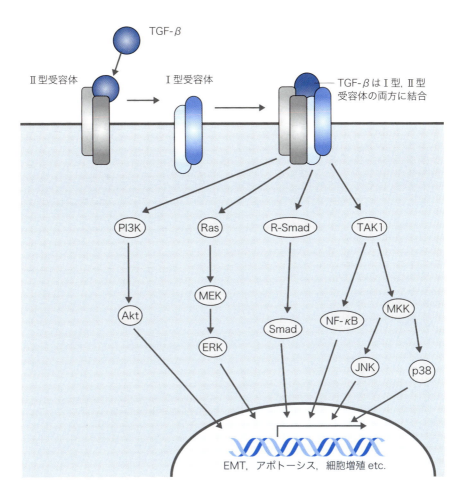

図4 TGF-β受容体と細胞内シグナルの模式図

5）免疫分野で見つけられ，主に研究されてきたインターロイキン

　1970年代，まだ細胞より産生される物質の分子実体がわからず活性化白血球培養上清やそれらの部分精製物を用いて研究されていました．統一した命名法が提唱される前のサイトカインは，モノカイン（単球monocyteに由来），リンフォカイン（リンパ球lymphocyteに由来）などのように産生細胞の名前を冠してよばれたり，リンパ球活性化増殖因子（LAF，TCGF），B細胞増殖・分化因子（BCGF/BCDF）などと活性を冠してよばれたりしていました．1980年代に白血球間を飛び交いそれらの機能を調節する因子ということでインターロイキン（interleukin：IL）と統一して呼称しよう，ということになりました．最初はIL-1とIL-2のみでありましたが，その後IL-3，IL-4と次々と遺伝子クローニングがなされ2019年現在ではIL-37までに増えてしまいました．専門家でも覚えきるのが困難であり，参考書が手離せないのが現状です．

◆炎症性サイトカインの代表的な分子：IL-1[25)〜34)]

　1940年代のEli MenkinとPaul Beesonらによる内因性の発熱因子（endogenous

pyrogen), 1972年にIgal Geryにより記載されたthymocyte co-mitogenic factor, その他, 急性期相タンパク質誘導因子, 線維芽細胞増殖活性をもつ因子などの存在が知られていました. 1980年代におけるタンパク質の精製と遺伝子クローニングによりそれらの活性本体はIL-1αとIL-1βからなるシグナルペプチドを有さない2種類のタンパク質からなることが明らかになりました. IL-1αは前駆体として271のアミノ酸として翻訳され, Ca^{2+}依存性カルパインによりプロセスされ成熟体となります (等電点pI 5). 一方, IL-1βは30 kDaの前駆体として翻訳されシステインプロテアーゼカスパーゼ-1により成熟体になります (pI 7). IL-1αの活性は多少のN末端のアミノ酸のズレがあっても活性が保たれますが, IL-1βの活性は, N末端に1個のアミノ酸が付加されても, 欠失しても活性が全くなくなることより, カスパーゼ-1によるプロセシングは非常に重要な意味をもちます. IL-1には天然型拮抗物質が存在しIL-1Ra (IL-1 receptor antagonist) とよばれます. これら3つのタンパク質は同一の受容体IL-1R Ⅰに同程度の親和性でもって特異的に結合しますが, IL-1Raは細胞内シグナルを誘導できません.

◆ IL-1/18：MyD88を介してシグナルを伝達するサイトカイン (図5)

IL-1受容体ファミリー分子であるIL-1R Ⅰ, IL-1R Ⅱ, IL-1RAcPは細胞膜貫通タンパク質であり, 細胞外ドメインに3個の免疫グロブリン様ドメインをもちます. IL-1R ⅠとIL-1RAcPの細胞内領域にはTIR (Toll/IL-1 receptor) ドメインがあり, シグナル伝達介在ドメインとして機能します. 一方, IL-1R ⅡはTIRドメインをもたず, シグナルを伝達しないデコイ受容体[※1]であり炎症制御に働きます.

IL-1とL-1R Ⅰの親和性は低いですが, 結合した後にIL-1RAcPが会合し, 高親和性となります. その後, 細胞内領域のTIRドメインを介してMyD88 (myeloid differentiation protein-88) と会合し, セリン／スレオニンキナーゼであるIRAK (IL-1 receptor associating kinase) がリン酸化されます. リン酸化されたIRAKはTRAF6 (TNF receptor-associated factor-6) と会合しTAK1 (TGF-β-activated kinase-1) をリン酸化します. その結果, NF-κBの核内移行やJNKならびにMAPK経路の活性化が引き起こされます.

IL-18受容体 (IL-18Rα/β) はIL-1RrpとよばれるIL-1受容体ファミリーに属します. そのシグナルもIL-1と同様にTIRとMyD88を介してIRAKやTRAFに伝達されます.

IL-1には近年, 多くのファミリー分子が存在することが判明しており, 新しい命名法が提案されています (表1). これらのなかで, IL-18とIL-33以外はアリルが密集しています.

[※1] デコイ受容体：サイトカインの受容体への結合を競合的に阻害することで, 細胞外の過剰なサイトカインを除去したり, サイトカインの作用を調節したりしています.

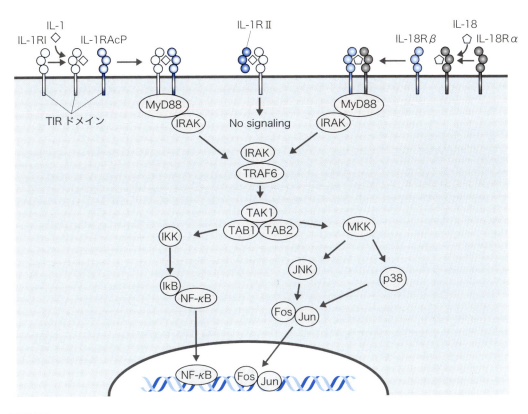

図5 細胞内シグナルにMyD88が共通するサイトカイン

表1 IL-1のファミリー分子

サイトカイン名	別名	受容体	遺伝子座
IL-1α	IL-1F1	IL-1RⅠ, IL-1RⅡ	2q14
IL-1β	IL-1F2	IL-1RⅠ, IL-1RⅡ	2q14
IL-1Ra	IL-1F3	IL-1RⅠ	2q14.2
IL-18	IL-1F4	IL-18Rα	11q22.2-q22.3
IL-33	IL-1F11	ST2	9p24.1
IL-36α	IL-1F6	IL-36R	2q12-q14.1
IL-36β	IL-1F8	IL-36R	2q14
IL-36γ	IL-1F9	IL-36R	2q12-q21
IL-36Ra	IL-1F5	IL-36R	2q14
IL-37	IL-1F7	IL-18Rα	2q12-q14.1
IL-38	IL-1F10	IL-36R, TIR8, TIGIRR-1/2	2q13

文献33を元に作成.

◆ IL-6[35)〜40)]

　IL-6は活性化T細胞やマクロファージによって産生誘導されるサイトカインであり，T/B細胞，線維芽細胞，単球，内皮細胞，肝細胞，メサンギウム細胞などさまざまな

細胞に働き，造血・炎症・免疫応答を制御します．代表的作用としては，B細胞の増殖・分化促進作用，制御性T細胞誘導抑制・Th17誘導活性，ケモカイン・細胞接着因子誘導活性，急性期タンパク質誘導活性などがあります．

Column

IL-6発見の歴史

IL-6（BSF-2，IFN-β2，HPGF）の発見の背景は非常に複雑です．イスラエルのWeizmann研究所のMichel Revelらは1980年ごろから線維芽細胞が産生するIFN-βには2種類あり，IFN-β1/β2と命名し，その遺伝子クローニングを試み，mRNAをとり in vitro translation を通して遺伝子組換えタンパク質のIFN活性まで捉えたと主張しておりました．その後，ベルギーのGuy HaegemanらによりIFN-β2 cDNAクローニングを通して全一次構造が解明され1986年の夏 Eur. J. Biochem. に発表されました[35]．

一方，B細胞分化因子BSF-2として日本の平野俊夫・岸本忠三らは精製，遺伝子クローニングに成功しその秋Natureに発表しました[36]．その間，米国NCI，NIHのRichard P. NordanとMichael Potterはマウス形質細胞腫増殖因子（hybridoma/plasmacytoma growth factor：HPGF）の精製に成功しそのN末端配列決定に成功しました．ベルギーのJo DammeとJacques Van Snickはヒト IFN-β2とHPGFが同一であることを，精製を通して確立しました（J. Van Dammeの研究室の主任であったAlfons Billiauが筆者の松島が留学中のNCIに来て，Nordanの精製したマウスHPGFと同一であるかセミナーで公開比較したところ，全く異なることが判明し，そのときは彼らは違った因子を精製したものと思われました．しかし，後にマウス・ヒトHPGFはN末端部位の配列は全く異なるが，その他の部位は非常に相同性が高いことが判明しました）．

平野・岸本グループのIL-6 cDNAクローニングはcDNAとしては新しくはなくても，B細胞に作用するサイトカインとして同定した点では，間一髪で先陣を切ったと言えます．なお，IFN-β2にIFN活性がないことは，現在では国際的なコンセンサスです．

Column

メサンギウム細胞

腎臓の糸球体を構成する細胞の1つであり，毛細管係蹄（毛細管の輪がぐるぐる巻きになったもの）を支えます．腎炎に伴い増殖し，サイトカイン，増殖因子を産生することが知られています．

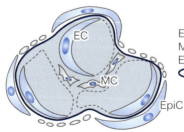

EC ：毛細血管内皮細胞
MC ：メサンギウム細胞
EpiC：上皮細胞
◯ ：基底膜

A　gp130が共通する受容体の模式図　　　　　　B　受容体からの細胞内シグナル伝達

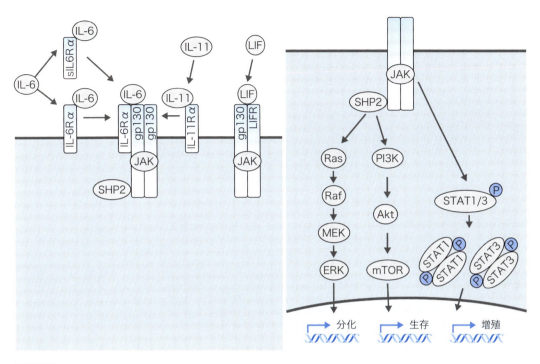

図6　gp130が共通するサイトカイン受容体

◆ IL-6/11，LIF：gp130を介してシグナルを伝達するサイトカイン（図6）

　IL-6, IL-11, LIF (leukemia inhibitory factor) の受容体は，それぞれの受容体に特徴的なα鎖（IL-6Rα, IL-11Rα, LIFRα）および共通のgp130により構成されています．IL-6とIL-11では，受容体α鎖にリガンドが結合するとgp130と会合するとともにgp130のホモダイマー形成を誘導します．その後，JAK/STAT経路によるSTATのリン酸化およびSTATのホモまたはヘテロダイマー形成へとシグナルが伝達していきます．LIFでも同様にLIFRαとgp130からなる受容体にLIFが結合することで同様のシグナル伝達が引き起こされます．また，これらのサイトカインはPI3K/mTOR経路やSHP2/ERK経路でも遺伝子の発現調節を行っています．IL-6受容体には膜結合型の他に，分泌型の可溶性IL-6受容体（sIL-6Rα）が存在します．sIL-6Rαの構造はIL-6Rαの細胞外領域に相当しますが，膜結合型IL-6Rαと同程度のIL-6親和性を示します．sIL-6RαはIL-6に結合した後にgp130と結合することでIL-6シグナルを活性化します．IL-6の阻害剤は，ヒト関節リウマチに著効を呈します（第5章）．

◆ IL-2/7/9/15：γ鎖を介してシグナルを伝達するサイトカイン（図7）[41)42)]

　IL-2は活性化したT細胞から産生され，細胞増殖，細胞分化誘導，サイトカイン誘

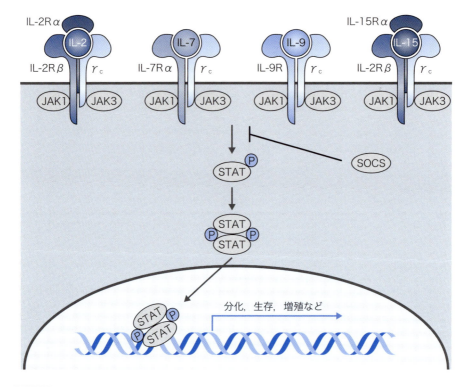

図7 γ鎖が共通するサイトカイン受容体

導など広範な生理活性を示します．IL-7は主に骨髄や胸腺のストローマ細胞[※2]により産生され，プレB/T細胞の増殖を促進します．IL-9は主にT細胞，好中球，好酸球により産生され，リンパ球，肥満細胞，赤血球前駆細胞や巨核芽球性白血病細胞の増殖を促進します．IL-15は樹状細胞や抗原提示細胞，上皮細胞により産生され，自然免疫応答に重要な役割を果たすNK細胞などの分化・増殖を促進します．また，獲得免疫応答に重要なメモリーT細胞の生存にも必要とされます．IL-2/7/9/15の受容体はそれぞれのインターロイキンに特異的なα鎖（IL-2Rα，IL-7Rα，IL-9Rα，IL-15Rα）と共通γ鎖から構成されており，IL-15とIL-2受容体ではさらに共通のIL-2Rβ鎖を含む3種類のサブユニットから構成されています．

かかわるSTATの種類に違いはありますが，いずれのインターロイキンもJAK/STAT経路によりシグナルが伝達されます（**表2**）．

受容体にリガンドが結合すると，受容体タンパク質と会合しているJAKが活性化され，細胞内ドメインのチロシンがリン酸化されます．その後，STATがリン酸化されます．リン酸化されたSTATはダイマーを形成し，核内に移行し，標的遺伝子の発現

※2　ストローマ細胞（間質細胞）：臓器を構成する実質細胞を支える細胞の総称で，線維芽細胞，血管内皮細胞，周囲細胞や組織マクロファージのみならず，炎症・がんに伴い浸潤する炎症細胞も含まれる．細胞外マトリックスやさまざまな生理活性物質の産生を通して実質細胞の機能制御にかかわる．

表2 それぞれのILとかかわるSTAT

IL-2	STAT1/3/5
IL-7	STAT5
IL-9	STAT5
IL-15	STAT1/3/5

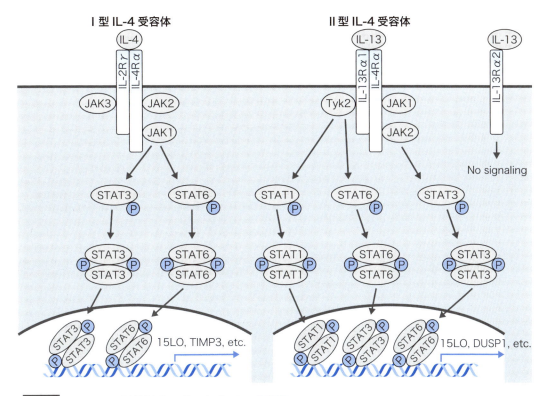

図8 IL-4Rαが共通するサイトカイン受容体

制御を行います．このJAK/STAT経路はSOCS（suppressor of cytokine signaling）familyにより阻害されることが明らかとなっています．

◆ **IL-4/13：IL-4Rαを介してシグナルを伝達するサイトカイン**（図8）[43)～45)]

IL-4とIL-13は活性化したT細胞（CD4[+] Th2細胞）や肥満細胞，NKT細胞，好塩基球，好酸球などにより産生されるサイトカインです．これらのサイトカインは，B細胞に作用して，増殖や分化の促進，IgEとIgG4へのクラススイッチング，MHCクラスⅡ抗原の発現誘導を引き起こします．また，線維芽細胞に作用して線維化（第4章）を生じさせたり，上皮細胞に作用して粘液を産生させたりします．

IL-4受容体は，IL-4Rα鎖とIL-2Rγ鎖からなるⅠ型IL-4受容体と，IL-4Rα鎖とIL-13Rα1鎖からなるⅡ型IL-4受容体の2種類が存在します．Ⅱ型IL-4受容体はIL-13受容体としても機能しています．これらに加えてIL-13Rα2単独の受容体が存

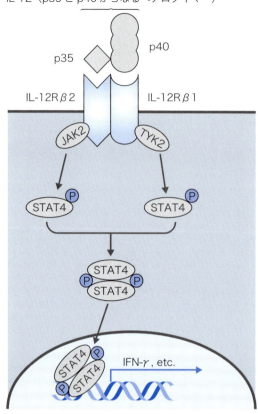

図9 IL-12受容体の細胞内シグナル

在しますが，細胞内シグナルは伝達しません．リガンドが受容体に結合すると，JAK/STAT経路により細胞内にシグナルが伝達され，I型IL-4受容体ではJAKのリン酸化に続きSTAT3とSTAT6がリン酸化されます．II型IL-4受容体（IL-13受容体）では，STAT3とSTAT6に加えてSTAT1もリン酸化されます．リン酸化されたSTATはダイマーを形成し，核内に移行した後に遺伝子の発現調節を行います．

◆ IL-12/23：p40サブユニット[※3]を共有するサイトカイン（図9）[46)～48)]

IL-12は抗原を認識したマクロファージや樹状細胞などにより産生され，T細胞やNK細胞に対する細胞増殖の促進や細胞傷害活性誘導，IFN-γ産生誘導，LAK細胞[※4]誘導など免疫に重要な作用を示します．また，IL-12は未熟T細胞のTh1細胞への分化にも強く関与しています．IL-12（p70）は分子量約70 kDaの糖タンパク質であり，分子量約35 kDaのp35と分子量約40 kDaのp40からなるヘテロダイマーです．その

※3 p40サブユニット：IL-23は受容体のサブユニットにIL-12Rβ1を共有しています．また，サイトカインを構成するサブユニットにもp40が共有しています．
※4 LAK細胞（リンホカイン活性化キラー細胞）：IL-2によりリンパ球から誘導された細胞傷害活性を示す細胞．

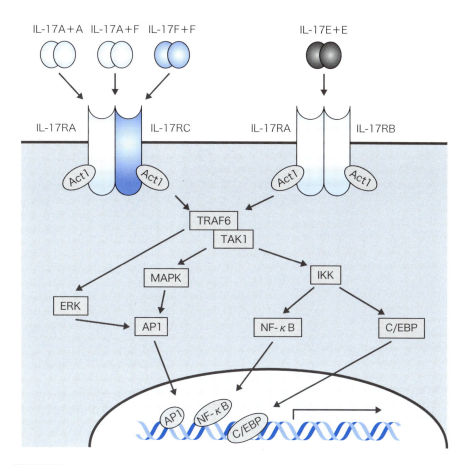

図10 IL-17受容体と細胞内シグナル

　受容体であるIL-12RはIL-12Rβ1とIL-12Rβ2のヘテロダイマーからなる膜貫通型タンパク質です．IL-12が受容体に結合するとそのシグナルは，JAK2，TYK2のリン酸化を介してSTAT4に伝わります．リン酸化されたSTAT4はヘテロダイマーを形成し核内に移行した後，主にIFN-γの産生を誘導します．IL-23を構成するサブユニットはIL-12とp40が共有されています．また，受容体のサブユニットにもIL-12Rβを共有しています．IL-23の下流ではSTAT1，3，4，5が活性化された後にIL-17AやIL-21などが産生されます．

◆ **IL-17**（図10）[49)50)]

　IL-17は活性化したT細胞により産生され，マクロファージや線維芽細胞，上皮細胞，血管内皮細胞などに作用します．IL-17のシグナルが伝達されると，マクロファージではTNF-αやIL-1の産生が，線維芽細胞や上皮細胞などではIL-6やIL-8，GM-CSFの産生が促進されます．

　IL-17Aはホモ二量体の糖タンパク質であり，IL-17A，IL-17B，IL-17C，IL-17D，

Column

サイトカイン研究における歴史的な教訓[51]〜[53]

　サイトカインについて1960年代から1970年代までは，免疫領域のみならず，生理学，病理学領域などにおいてさまざまな（活性化した）細胞の培養上清，もしくはそれらの部分精製物を用いて生理活性作用が調べられました．例えば，IL-1の場合，免疫領域ではIgal Geryらによって胸腺細胞のco-mitogenic factor〔低濃度のPHA (phytohemagglutinin) という，マイトジェン刺激を受けたTリンパ球の増殖因子〕として発見されましたが，病理・生理学分野においては内因性発熱因子，急性期相タンパク質誘導因子として同定されました．一方，IL-2などのT細胞増殖性サイトカインは，1965年に抗原刺激リンパ球培養上清中に存在するリンパ球増殖活性化因子 (blastogenic factor) として発見されました．1966年のJohn R. DavidとBarry R. BloomらによるMIF (migration inhibitory factor) の発見，Nancy H. RuddleとGale A. Grangerによるlymphotoxinの発見などがサイトカイン研究のパイオニアワーク（源流）です．

　免疫・サイトカイン研究で特筆すべき，歴史的教訓とすべきこととして，免疫制御物質は抗原特異性をもつべきという過剰な先入観に基づき，多くの著名な免疫学者が実在しない抗原特異的免疫制御因子を報告したことがあげられます．笠倉新平が発見した**特異抗原によって刺激されたリンパ球が産生する抗原非特異的BF（blastogenic factor）**に対して，1980年代前半まで大多数の免疫学者は**抗原非特異的BFが免疫反応に実際に関与すること**には懐疑的でした．大半の免疫学者は，a prioriに免疫応答は抗原特異的であるべきであり，抗原非特異的因子が免疫を制御するとは思わなかった（受け入れることができなかった）わけです．それゆえ，Ag-specific suppressor factor/Ag-specific helper factor, Ig class specific suppressor factorを追い求めました．1980年代初頭になって組織適合抗原（MHC）領域の遺伝子座の配列決定がなされ，Ag-specific suppressor factorがコードされると推測されていたI-J領域が存在しないことが明確になるまで，その夢から冷めることはありませんでした．**世界中の主な研究者が同じ方向に向いてしまっているときに，真実を見極め，自分の目を信じて自分が正しいと思うことを主張することがいかに困難なことかを知らしめる，近代免疫学史において最も教訓とすべき事例です**．

Column

サイトカインハンティングの時代的背景

　1970年代後半から1980年代初頭における遺伝子組換え・遺伝子クローニング技術の開発（Herbert Boyer, Arthur Riggs, 板倉啓壱らによる大腸菌での遺伝子組換えインスリン生産ならびにイーライリリー社によるその技術の商業化が最初）がなされました．真核生物を対象とした分子生物学は，利根川進の免疫グロブリン遺伝子再構成の発見，サイトカインの遺伝子クローニングなど免疫学にも大きなインパクトを与えました．高速液体クロマトグラフィーHPLCによる微量タンパク質の精製技術とアミノ酸配列構造決定技術の進歩・発展〔これに貢献したCaltechのLeroy HoodとMike Hunkapillerらはアプライドバイオシステムズ社（合併により現サーモフィッシャーサイエンティフィック社）を創設〕も大きな貢献をしています．1980年代初頭，長田重一・谷口維紹によるインターフェロンα/βのcDNAクローニングを皮切りに，1960〜1970年代の活性化リンパ球培養上清（conditioned media）や部分精製物を用いて免疫反応を研究する時代から，活性本体の構造（分子実体）が明らかになった遺伝子組換えタンパク質を用いて研究する時代に移行しました．サイトカインハンティング時代，多くのサイトカインcDNAクローニングが日本人の手によってなされました（**表3**）．

表3	日本人研究者によるサイトカインハンティング	
西暦	**サイトカイン**	**発見者**
1980	IFN-β	谷口維紹
	IFN-α	長田重一
1983	IL-2	谷口維紹，羽室淳爾
1984	IL-3	新井賢一
1986	IL-4	本庶佑，新井賢一
	IL-5	高津聖志，本庶佑
	IL-6	平野俊夫，岸本忠三
	G-CSF	長田重一
1987	IL-8	松島綱治，吉村禎三
1995	IL-18	岡村春樹
	トロンボポエチン（thrombopoietin：TPO）	宮崎洋

IL-17E，IL-17Fの6つのファミリーを形成しています．IL-17の受容体は，細胞外領域にFnⅢ様ドメイン，細胞内領域にSEFIR（similar expression to fibroblast growth factor/IL-17R）ドメインをもつIL-17RA，IL-17RB，IL-17RC，IL-17RD，IL-17REのサブユニットがホモ／ヘテロダイマーを形成しています．IL-17AとIL-17Fは「IL-17RAとIL-17RCからなるヘテロダイマー」に，IL-17Eは「IL-17RAとIL-17RBのヘテロダイマー」に，IL-17Cは「IL-17RAとIL-17REのヘテロダイマー」に結合してシグナルを伝えます．リガンドと受容体が結合するとAct1によりTRAF6やTAK1がリクルートされ，NF-κB，MAPK，C/EBPが活性化されます．IL-17BやIL-17Dの機能については不明な点が多く，シグナル伝達経路は明らかとされていません．

2 白血球遊走活性を有するケモカイン[54)〜60)]

◆ ケモカインの種類

　急性炎症時には好中球，慢性炎症時にはマクロファージ，リンパ球が主に浸潤します．この特異的白血球の組織浸潤を制御する生理活性タンパク質が**ケモカイン**（chemokine）です．ケモカインは炎症・免疫反応のような生体にとっての緊急反応のみならず，正常（生理的）状態・発生の過程における免疫・造血組織（場）の形成にも関与します．さらに，炎症に伴う血管新生，がん細胞の転移・浸潤，HIV感染なども制御することが判明しております．

　多くのケモカインは70数個のアミノ酸からなる塩基性のヘパリン結合性タンパク質であります．40を超える大きなファミリーを形成し，一次構造上において非常に高度に保存された部位にシステイン残基が4つ存在しその存在様式によりCXC，CC，C，

CXCケモカイン		C X C		C	C
IL-8/CXCL8		SAKELR**C**-Q-**C**IKTYSKPFHPKFIK-ELRVIESGPH**C**ANTEIIVKLSD--GREL		**C**LDPKENWVQRVVEK	
Mig/CXCL9		TPVVRKGR**C**-S-**C**ISTNGGTIHLGSL-KDLKQFAPSPS**C**EKIEIIATLKN--GVGT		**C**LNPDSADVKELIKK	
IP-10/CXCL10		VPLSRTVR**C**-T-**C**ISISNQPVNPRSLEK-LEIIPASQF**C**PRVEIIATMKKK-GEKR		**C**LNPESKAIKNLLKA	

CCケモカイン		C C		C	C
RANTES/CCL5		ASPYSSDTT-**C**---**C**FAYIARPLPRAHIKEY---FYTSGK**C**SNPAVVFVTRKNRQV		**C**ANPEKKWVREYINSL	
I-309/CCL1		KSMQVPFSR-**C**---**C**FSFAEQEIPLRAILCY---RNTSSI**C**SNEGLIFKL--KRGKEA		**C**ALDTVGWVQRERKM	
MCAF(MCP-1)/CCL2		QPDAINAPVT**C**---**C**YNFTNRKISVQRLASY--RRITSSK**C**PKEAVIFK--TIVAKEI		**C**ADPKQKWVQDSMDE	
MIP-1α/CCL3		ASLAADTPTA**C**---**C**FSYTSRQIPQNFIADY---FETSSQ**C**SKPGVIFL--TKRSRQV		**C**ADPSEEWVQKYVSD	

Cケモカイン		C			C
Lymphotactin-α/XCL1		GSEVSDKRT ---**C**VSLTTQRLPVSRIKTY--T-IT-EG--SLRAVIFI--TKRGLKV**C**ADPQATWVRDVVRSM			

CX3Cケモカイン		CXXXC		C	C
Fractalkine/CX₃CL1		QHHGVTK **C**NIT**C**SKMTS-KIPV-ALLIH---YQQNAS**C** GKRAIILE--TRQHRLF**C**ADPKEQWVXKDAMQH			

図11 主なケモカインのアミノ酸配列

CX3Cサブファミリーに分類されます（**図11**）．多くのCXCケモカイン遺伝子はヒト染色体では第4番q領域に，CCケモカイン遺伝子は第17番q領域に大きなクラスターを形成しています．IL-8/CXCL8などの炎症時に誘導されるケモカイン遺伝子の多くはNF-κB，AP-1，CEBPなどの転写因子により調節されます．

◆ ケモカイン受容体

ケモカイン受容体はさまざまな白血球サブセットに特異的に発現し，20種類同定されています．いずれも細胞膜を7回貫通するGタンパク質共役型受容体（GPCR）で多くはGαiを会合します．ケモカイン受容体を介する細胞内Ca^{2+}の上昇，PLC/D，PI3Kγ，MAPKの活性化を通して，白血球の脱顆粒，活性酸素産生ならびに細胞遊走などが起こります．一方，近年，細胞内にシグナルを伝えることなく炎症部位の過剰なケモカインを除去し，炎症・免疫抑制する非典型ケモカイン受容体の存在が知られるようになりました．また，ヘルペスウイルス，ポックスウイルスなどがケモカイン結合タンパク質やケモカイン受容体様分子を発現し，これらがウイルスの病原性に関与することが判明しております（**図12**）．

1990年代の半ば，ケモカイン受容体CXCR4，CCR5がエイズの原因ウイルス（human immunodeficiency virus：HIV）の感染に必要な共同受容体（co-receptor）として作用することもわかり，ケモカイン研究に大きな広がりをもたらしました（**図13**）．

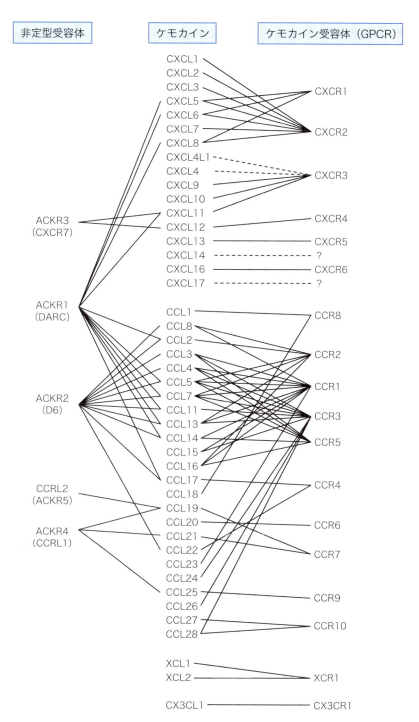

図12　ケモカインとそれらの受容体

文献60を元に作成.

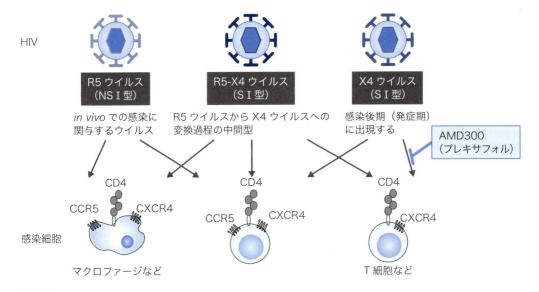

図13 HIV感染に必要なco-receptorとしてのケモカイン受容体

AMD300はCXCR4アンタゴニストである．文献61を元に作成．

3 脂質メディエーター

　脂質は生体膜成分，エネルギー源，シグナル分子としての機能を有しますが，ここではシグナル分子・炎症介在分子としての脂質因子について述べます．これらには，性ホルモンに代表されるステロイドと，アラキドン酸からつくられるエイコサノイド〔ギリシャ語で20を意味するエイコサ（eicosa）から名づけられた〕，ならびに最近注目されているリゾリン脂質などが含まれます．

1）エイコサノイド[62)63)]

　炭素数20の不飽和脂肪酸を有する**生理活性脂質**を**エイコサノイド**と総称します．**図14**に示すごとく主に細胞質型ホスホリパーゼA_2（cytosolic phospholipase A_2：$cPLA_2$）が細胞膜（近年では核膜）リン脂質からアラキドン酸を遊離し〔同時に血小板活性化因子（platelet activating factor：PAF）ができる〕，COX-1/2（cyclooxygenase-1/2）を介してプロスタグランジンとトロンボキサンが産生されます．COX-1は恒常的に存在し，COX-2は炎症に伴って誘導される酵素です．一方，5-LOX（5-lipoxygenase）を介してロイコトリエンB_4（leukotriene B_4：LTB_4）やLTC_4，D_4，E_4などが産生されます．LTC_4，D_4，E_4は古くはSRS-A（slow reacting substance of anaphylaxis）とよばれ気道平滑筋収縮をもたらす因子として知られていました．最近は，システイニルLTとも総称され，その拮抗薬は気管支喘息治療薬としてすでに使用されています．代表的エイコサノイドの生理作用とそれらの受容体については**表4**

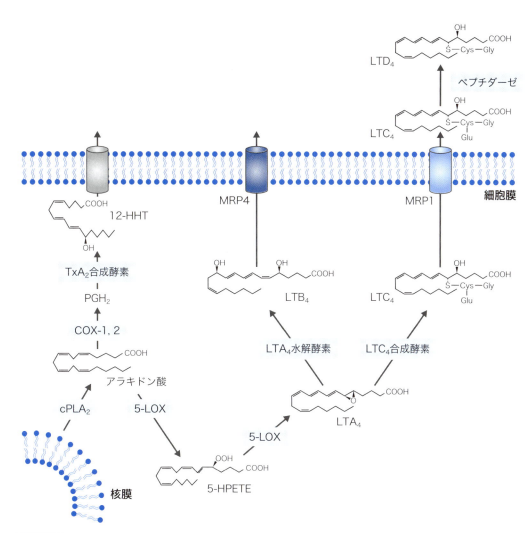

図14 ロイコトリエン（LT）とヒドロキシヘプタデカトリエン酸（12-HHT）産生経路
文献63を元に作成．

に記載します．さらに，5-LOX，12-LOXにより産生されるリポキシンA_4（LXA_4）ならびにオメガ3脂肪酸であるEPAから5-LOXにより産生されるレゾルビンの抗炎症作用も注目されています（**図14，表4**）．炎症局所で産生されるエイコサノイドの多くは血中での半減期が短く，主に局所で生理活性を発揮し，遠隔臓器への直接的な影響は限定的です．

表4　エイコサノイド受容体欠損マウスの表現系

標的受容体遺伝子	エイコサノイド	表現系
DP	PGD$_2$	アルブミン誘発性気管支喘息におけるアレルギー応答の減弱 PGD$_2$投与によるノンレム睡眠の消失
EP1	PGE$_2$	アゾキシメタンによる腸管aberrant crypt foci形成の減少
EP2		排卵障害，受精障害，高塩負荷による高血圧．in vitroの破骨細胞形成異常．Apcマウスにおける腸管ポリープ形成の減少
EP3		パイロジェン投与による発熱応答の消失．十二指腸における重炭酸分泌異常．出血性亢進と血栓塞栓の減少．
EP4		動脈管開存．DSS誘導性腸炎における免疫応答の亢進．炎症性骨吸収の低下，PGE$_2$投与による骨形成の消失．樹状細胞の成熟阻害による接触性皮膚炎の軽減．
FP	PGF$_2\alpha$	分娩の消失
IP	PGI$_2$	血栓塞栓の亢進．炎症性浮腫の軽減．酢酸による痛み反応の減少．
TP	TXA$_2$	出血傾向と血栓抵抗性
BLT1	LTB$_4$	アルブミン誘発性気管支喘息におけるアレルギー応答の減弱 ヘルパーT細胞，細胞傷害性T細胞の走化性の減少 アレルギー性脳炎モデルの症状の改善

文献62，64を元に作成．

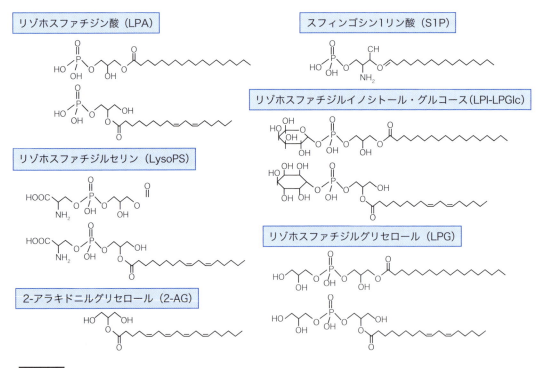

図15　リゾリン脂質メディエーターの構造

文献65より引用．

表5 リゾリン脂質メディエーター受容体，発現細胞，機能

	受容体	発現細胞	機能
LPA	LPA_1	神経細胞，線維芽細胞，骨芽細胞，軟骨細胞	神経細胞死抑制，細胞移動，軟骨形成，ミエリン化
	LPA_2	リンパ球，小腸上皮細胞	細胞死の抑制
	LPA_3	子宮，精巣，肺	着床
	LPA_4	血管内皮細胞，間質細胞	胎児血管形成，造血
	LPA_5	血球細胞	免疫抑制
	LPA_6	上皮細胞，血管内皮細胞，単球，マクロファージ	胎児血管形成，毛包形成
S1P	$S1P_1$	リンパ球，血管内皮細胞	胎児血管形成，リンパ球の動態制御，内皮細胞バリア
	$S1P_2$	多くの細胞	血管張力，内皮細胞バリア，内耳機能の維持
	$S1P_3$	多くの細胞	内皮細胞バリア
	$S1P_4$	リンパ球	?
	$S1P_5$	オリゴデンドロサイト，NK細胞	?
LysoPS	LPS_1/GPR34	Mφ，単球，ミクログリア	ウイルス感染時のサイトカイン産生
	LPS_2	リンパ球	免疫抑制
	LPS_{2L}	リンパ球	免疫抑制
	LPS_3	リンパ球	免疫抑制
LPI/LPG/LPGlc	GPR55	神経細胞，破骨細胞，リンパ球	神経軸索誘導，骨代謝促進，免疫抑制

文献65を元に作成.

2）リゾリン脂質 [65]

　図15に示すように，片足のリン脂質を有する生理活性物質群が**リゾリン脂質** (lyso-phospholipid) です．極性頭部が多様で，それによりさまざまな名前がついています．リゾリン脂質は，LPA (lysophosphatidic acid)，LPS (lysophosphatidyl serine)，LPI (lysophosphatidyl inositol)，LPG (lysophosphatidyl glycerol)，LPGlc (lyso-phosphatidyl glucoside) のようにグリセロ骨格を有する群と，S1P (sphingosine-1-phosphate) のようにスフィンゴ骨格を有する群に分類されます．主なリゾリン脂質の受容体と生理活性については**表5**に記載します．リゾリン脂質は細胞膜やリポタンパク質からつくられ，産生酵素，基質がすべて血液中に存在するといった特徴があります．

4 　補体 [66] [67]

1）補体経路

　補体は30種類以上の血漿タンパク質と膜タンパク質から構成される因子群で，生体への侵入微生物排除のみならず炎症介在因子としても重要な役割を有します．補体の

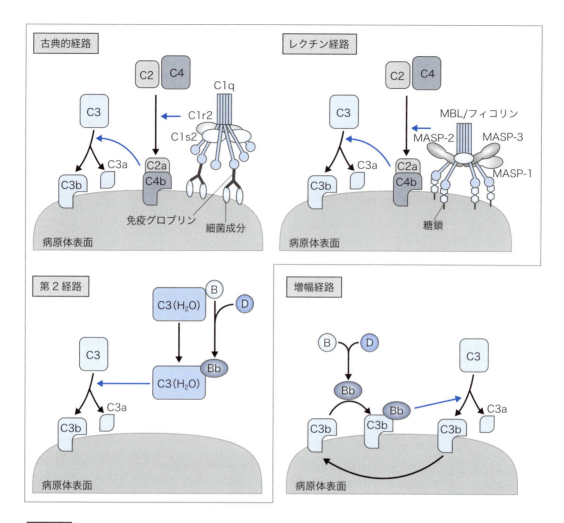

図16　補体の活性化経路

文献66を元に作成.

活性化経路には，抗原抗体反応により特異的に活性化される**古典的経路**，マンノース・フィコリンが微生物糖鎖構造を認識して活性化される**レクチン経路**，微生物上の特有構造を認識して活性化される**第2経路**があります（**図16**）．いずれの経路も補体第3成分C3の限定分解をもたらし，後半の病原体破壊をもたらす膜傷害複合体MAC（membrane attack complex）C5b–C9形成につながります．古典的経路は，抗原に結合することにより構造変化が起きたIgGやIgM抗体にC1（C1q 1分子とC1r, s それぞれ2分子からなる複合体）が結合することにより開始します（免疫グロブリンであるIgM，IgG1, IgG3への結合は強く，IgG2へは弱く，IgG4などには結合しません）．C1qが球状部位を介して免疫グロブリンに結合すると，酵素前駆体C1r, sが活性化します．次いでC2がC2aに，C4がC4bに分解された後，C4bがC2aと結合します．C4bC2a複合体はC3転換酵素としてC3をC3a/bに分解します．さらに，C3bはC5を分解し

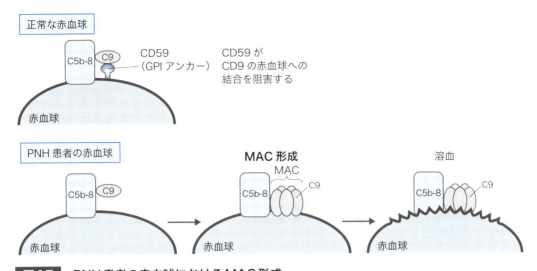
図17 PNH患者の赤血球におけるMAC形成

てC5aとC5bにします．C3a，C5aは**アナフィラトキシン**として炎症にかかわる重要な因子です．また，IgGとC3によりオプソニン化された病原体はマクロファージ，好中球などのFc受容体と補体受容体の共同作用を介して効率よく貪食されます．補体経路は種々の制御因子により，自らの細胞を攻撃させない仕組みを有しています（図16）．

2）補体系の異常に伴う疾患

補体系に異常をきたす疾患として，C1インヒビター欠損によりブラジキニン生成や血管透過性が亢進する遺伝性血管性浮腫（hereditary angioedema）が有名です．また，睡眠時に第2経路の活性化を通して溶血が起こる発作性夜間ヘモグロビン尿症（paroxysmal nocturnal hemoglobinuria：PNH）は，後天的に起こるCD34陽性造血幹細胞レベルでのGPIアンカータンパク質の欠損によります．GPIアンカータンパク質であるDAF（decay accelerating factor）は自己赤血球にC4bやC3bが結合したときにすみやかに結合し，C3転換酵素形成を阻害します．また，DAFはC3b生成，C5転換酵素形成も阻害します．さらに，CD59もGPIアンカータンパク質であり，C5b-8複合体がつくられても，CD59がC9の結合を阻害し，結果としてMAC形成を阻止します（図17）．この他にも種々の補体成分の欠損による易感染性，全身性エリテマトーデス（SLE），免疫複合体疾患などが知られています．

5 メタロプロテアーゼ[68]

プロテアーゼはタンパク質のペプチド結合を加水分解・切断する酵素であり，さまざまな生命現象にかかわります．タンパク質の内側を切断するエンドペプチダーゼと

N末端もしくはC末端から分解するエキソペプチダーゼに分類されます．また，活性中心に存在するアミノ酸によりセリンプロテアーゼ，システインプロテアーゼ，アスパラギンプロテアーゼと分類されます．また，活性中心に金属原子を配位しているものは**メタロプロテアーゼ**とよばれます．

1）MMPの構造と機能

メタロプロテアーゼはさらに**マトリックスメタロプロテアーゼ**（matrix metalloproteinase：**MMP**）とADAM（a disintegrin and metalloproteinase），ADAM–TS（a disintegrin and metalloproteinase with thrombospondin motifs）ファミリーに分類されます．MMPはさらに分泌型と膜型に分かれ23種類知られています．それらの構造の概要と分類を**図18**に示します．すべてのMMPは潜在型MMP（proMMP）としてつくられ，活性化を通して酵素活性を獲得します．触媒ドメインには`HEXXHXGXXH`配列があり，3個のヒスチジンにZn^{2+}が配置されることにより活性中心が形成されており，C末端側にはヘモペキシン様ドメインが存在します．

Column

GPIアンカー型タンパク質

グルコシルフォスファチジルイノシトール（glycosylphosphatidylinositol：GPI）アンカー型タンパク質は，タンパク質のC末端にアミド結合を通して共有結合したホスホエタノールアミン（PE）＋3つのマンノース残基（Man）＋N-アセチルグルコサミン（GlcNH$_2$）＋ホスファチジルイノシトールを介して細胞膜結合する細胞表面タンパク質の翻訳語修飾である．小胞体（ER）膜に共翻訳的に挿入されたタンパク質の疎水性C末端

の切断とともにGPIアンカーに置き換わり，分泌経路をたどりゴルジ体を経て膜に結合した形の特異な細胞表面タンパク質として機能します．*in vitro*で細胞表面からホスホリパーゼC（phospholipase C：PLC）によって遊離されます．GPIアンカー型タンパク質としては，補体の活性化制御にかかわるDAF，CD59以外にもThy-1抗原などが有名です．

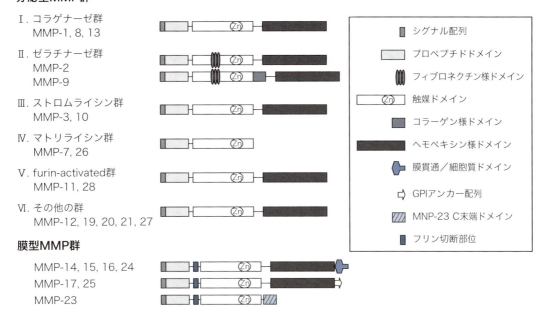

図18 ヒトMMPファミリー構造

文献68より引用.

　MMPの活性は遺伝子発現制御,プロドメインの切断活性化といったさまざまな阻害機序により制御されています.MMPの内因性阻害分子としては,α2M(α2-macroglobulin)と4種類のTIMP(tissue inhibitor of metalloproteinase),トロンボスポンジン(thrombospondin),RECK(reversion-inducing cysteine-rich protein with kazal motifs)などが知られています.また,MMPは細胞表面に局在することにより活性を発揮し,インテグリンやヘパラン硫酸プロテオグリカンと結合します.MMPによる細胞外マトリックスの破壊や,Ⅳ型コラーゲン・ラミニンの分解により遊走活性部位が露出するようになりますと組織細胞の遊走が亢進します.さらに,MMPはインスリン様成長因子(insulin-like growth factor)をマトリックスから放出させ,潜在型TGF-βはMMP-2/9により活性化されます.また,さまざまなサイトカインやそれらの受容体の細胞表面からの遊離を制御することも知られています.

2)ADAM/ADAM-TSファミリーの構造と機能

　図19にADAM/ADAM-TSファミリーの分類とそれらの構造の概要を示します.ADAMプロペプチドドメインは,細胞内でフリン様のプロテアーゼにより切断され活性化されます.ディスインテグリンドメインは血液凝固阻害活性を有するヘビ毒のディスインテグリンと相同性を有し,インテグリンと相互作用します.ADAM17(別名

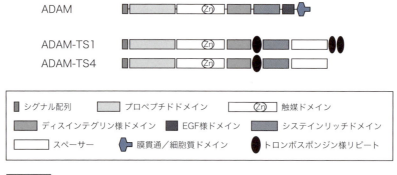

図19 ADAMならびにADAM-TSファミリーの構造

文献68より引用.

TNF-α converting enzyme：TACE）はTNF-αを細胞表面から遊離させることで有名です．ADAM-TS1は筆者らがマウスがん悪液質誘導性のがん細胞に高発現する分子として発見・命名した経緯があり[69]，血管新生抑制作用も有します．ADAM-TS2はEhlers-Danlos症候群ⅦC型の責任遺伝子です．ADAM-TS4は，関節リウマチにおける軟骨マトリックスのプロテオグリカンであるアグリカンを分解する主なaggrecanaseと同定されました．Aggrecanase活性は，ADAM-TS1，5，8，9，15にもあると報告されております．さらに，ADAM-TS13はvon Willebrand因子（VWF）切断酵素で，その異常は家族性TTP（血栓性血小板減少性紫斑病）をもたらします．

6 ストレス応答，活性酸素

　炎症を引き起こす要因として，生体の内外からのさまざまなストレスがあげられます．ストレス侵襲をもたらす原因としては，病原微生物の感染，外傷，さまざまな環境化学物質や日光・放射線などへの曝露，食品添加物など外因性の侵襲のみならず，体の中での過剰な過酸化脂質の蓄積，糖尿病による血糖値の上昇，ヒートショック，飢餓状態など多様です．そして酸素呼吸そのものが活性酸素を生じて侵襲を与えます．

1）活性酸素とは[70]〜[73]

　通常，有機化合物は2つの原子間で電子2個を共有することにより安定な共有結合を形成していますが，これが開裂することで不対電子をもつことになった分子はラジカル（フリーラジカル）とよばれ非常に不安定で，反応性が高い特徴があります．この反応性の高さを利用してラジカル重合反応は有機化学・高分子化学分野で広く使われています．

　地球上の多くの生物は酸素呼吸により効率よくミトコンドリアでATPを産生してエネルギー源として利用しています．酸素分子の中には，エネルギー準位が最も高い電

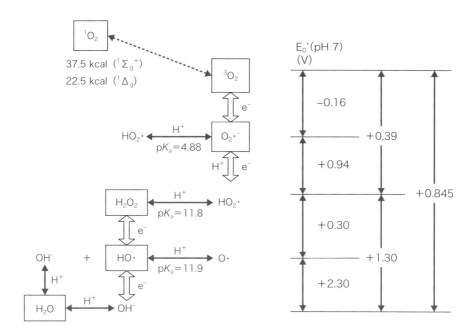

図20 酸素分子の酸化—還元電位

文献70より引用.

子が2個あり，それらのスピンの向きが同じ方向を向きます．したがって，酸素分子は三重項状態であり，それ自身が2個の不対電子をもったラジカルといえます．酸素分子に1個余分な電子が加わったのがスーパーオキシド（O_2^-）です．スーパーオキシドは段階的に還元され過酸化水素（H_2O_2），ヒドロキシルラジカル（・OH），そして最終的に水になるまでに計4電子の還元を受けます．これらの活性化した酸素分子誘導体を**活性酸素**と総称し，さまざまな生体のホメオスタシス維持に関与することが知られています．一般的に生体内における代表的活性酸素種に次亜塩素酸，一酸化窒素，アルコキシルラジカル，脂質酸化物も含めます．なお，これらの活性酸素種のうち，次亜塩素酸，過酸化水素，脂質酸化物はラジカルではありません．

図20に示すように活性酸素O_2^-はSOD（superoxide dismutase）により過酸化水素に，過酸化水素は一価の鉄イオン存在下でより殺菌作用が高いヒドロキシルラジカル（hydroxyl radical）になります（Fenton反応）．さらに活性酸素O_2^-はNOと反応してペルオキシニトライト（$ONOO^-$）になりタンパク質，核酸，脂質，糖などさまざまな物質を修飾・変性します．なお，活性酸素種が過剰に存在すると細胞や組織自体にも毒性を示すため，生体内には活性酸素種を除去する酵素群も存在します．過酸化水素はカタラーゼ（catalase）やグルタチオンペルオキシダーゼ（glutathione peroxidase）により水と酸素に分解され無害になります．

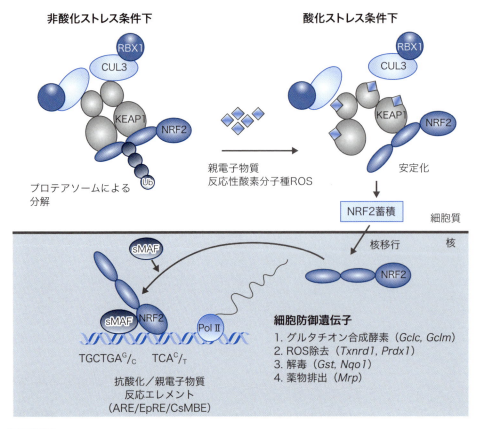

図21 KEAP1-NRF2経路による細胞防御遺伝子群の活性化

文献71を元に作成.

> **もっと詳しく**
>
> ### ● Keap1-Nrf2制御系
>
> 　細胞内には，活性酸素種やさまざまな環境由来親電子物質をキャッチするシステムとしてKeap1-Nrf2制御系が存在します．Nrf2はグルタチオン合成酵素やヘムオキシゲナーゼ1などの酸化ストレス応答遺伝子の発現を制御する転写因子であり，Keap1は活性酸素や親電子分子により修飾されるシステイン残基に富む酸化ストレスセンサータンパク質です．図21に示すように，非酸化ストレス条件下では，Keap1はNrf2と結合して核内移行を抑制しており，またこの複合体にCul3（Cullin3）型ユビキチンE3リガーゼが結合してNrf2をユビキチン化することでNrf2の分解を促進しています．一方，酸化ストレスがかかると活性酸素や親電子分子によりKeap1のシステイン残基が修飾されKeap1-Cul3複合体の立体構造が変化してユビキチンE3リガーゼ活性が低下し，ユビキチン化を免れたNrf2はプロテアソームでの分解を受けず細胞質に蓄積します．その結果，より多く核移行したNrf2はsMAFと二量体を形成し，抗酸化応答配列に結合していろいろな抗酸化酵素，解毒代謝酵素，

グルタチオン合成酵素を誘導することが明らかにされています（**図21**）[71) 72)]．

　近年，生体内で産生される硫化水素H_2Sが炎症性疾患の防御に働くことが注目されています．H_2SはHSアニオンとして存在しさまざまな環境親電子物質を無毒化するのみならず内因性新電子物質である8-ニトロ-cGMP，ニトロ化脂肪酸とも反応します．また，HSアニオンはシステインパースルフィドCys–S–SH，GS–SH，GS–S–SG（活性硫黄分子種）としてタンパク質のSH基のポリスルフィド修飾をもたらし炎症反応制御にかかわることが判明しつつあります[73)]．

参考文献

1 ）『サイトカインハンティング』（日本インターフェロン・サイトカイン学会/編），京都大学学術出版会，2010
2 ）ISAACS A & LINDENMANN J：Proc R Soc Lond B Biol Sci, 147：258–267, 1957
3 ）NAGANO Y & KOJIMA Y：C R Seances Soc Biol Fil, 152：1627–1629, 1958
4 ）Nagata S, et al：Nature, 284：316–320, 1980
5 ）Taniguchi T, et al：Proc Natl Acad Sci U S A, 77：4003–4006, 1980
6 ）Gray PW & Goeddel DV：Nature, 298：859–863, 1982
7 ）Dussurget O, et al：Front Cell Infect Microbiol, 4：50, 2014
8 ）Borden EC, et al：Nat Rev Drug Discov, 6：975–990, 2007
9 ）Siegal FP, et al：Science, 284：1835–1837, 1999
10）Weissenbach J, et al：Proc Natl Acad Sci U S A, 77：7152–7156, 1980
11）Carswell EA, et al：Proc Natl Acad Sci U S A, 72：3666–3670, 1975
12）Carswell-Richards EA & Williamson BD：Cancer Immun, 12：4 , 2012
13）Kawakami M, et al：Proc Natl Acad Sci U S A, 79：912–916, 1982
14）Beutler B, et al：Nature, 316：552–554, 1985
15）Pennica D, et al：Nature, 312：724–729, 1984
16）Gray PW, et al：Nature, 312：721–724, 1984
17）Aggarwal BB, et al：Nature, 318：665–667, 1985
18）『Signal Transduction (Medical Biotechnology) 』（Berki T, et al, eds），University of Pécs, 2011
19）van Horssen R, et al：Oncologist, 11：397–408, 2006
20）Reuter CW, et al：Blood, 96：1655–1669, 2000
21）Solary E：Clin Cancer Res, 22：3707–3709, 2016
22）Kouro T & Takatsu K：Int Immunol, 21：1303–1309, 2009
23）Smith AL, et al：Clin Cancer Res, 18：4514–4521, 2012
24）Neuzillet C, et al：Pharmacol Ther, 147：22–31, 2015
25）Gery I, et al：J Exp Med, 136：128–142, 1972
26）Lomedico PT, et al：Nature, 312：458–462, 1984
27）Furutani Y, et al：Nucleic Acids Res, 13：5869–5882, 1985
28）Auron PE, et al：Proc Natl Acad Sci U S A, 81：7907–7911, 1984
29）Matsushima K, et al：Biochemistry, 25：3424–3429, 1986
30）Kobayashi Y, et al：Proc Natl Acad Sci U S A, 87：5548–5552, 1990
31）Dinarello CA：FASEB J, 8：1314–1325, 1994
32）Martin MU & Wesche H：Biochim Biophys Acta, 1592：265–280, 2002

33) Alboni S, et al：J Neuroinflammation, 7：9, 2010
34) Garlanda C, et al：Immunity, 39：1003-1018, 2013
35) Haegeman G, et al：Eur J Biochem, 159：625-632, 1986
36) Hirano T, et al：Nature, 324：73-76, 1986
37) Nordan RP & Potter M：Science, 233：566-569 , 1986
38) Ernst M & Putoczki TL：Clin Cancer Res, 20：5579-5588, 2014
39) Habiel DM & Hogaboam C：Front Pharmacol, 5：2, 2014
40) Patel SA, et al：Br J Cancer, 111：2287-2296, 2014
41) Spolski R, et al：F1000Res, 6：1872, 2017
42) Waldmann TA：Cold Spring Harb Perspect Biol, 10：doi:10.1101/cshperspect.a028472, 2018
43) Oh CK, et al：Eur Respir Rev, 19：46-54, 2010
44) Bhattacharjee A, et al：Free Radic Biol Med, 54：1-16, 2013
45) Vatrella A, et al：J Asthma Allergy, 7：123-130, 2014
46) Hamza T, et al：Int J Mol Sci, 11：789-806, 2010
47) Vignali DA & Kuchroo VK：Nat Immunol, 13：722-728, 2012
48) Shimizu J, et al：Genet Res Int, 2013：363859, 2013
49) Alinejad V, et al：Biomed Pharmacother, 88：795-803, 2017
50) Iwakura Y, et al：Immunity, 34：149-162, 2011
51) Kasakura S & Lowenstein L：Nature, 208：794-795, 1965
52) Kasakura S & Lowenstein L：Nature, 215：80-81, 1967
53) Kasakura S：J Immunol, 105：1162-1167, 1970
54) Yoshimura T, et al：Proc Natl Acad Sci U S A, 84：9233-9237, 1987
55) Matsushima K, et al：J Exp Med, 167：1883-1893, 1988
56) Matsushima K, et al：J Exp Med, 169：1485-1490, 1989
57) Furutani Y, et al：Biochem Biophys Res Commun, 159：249-255, 1989
58) Mukaida N, et al：J Biol Chem, 265：21128-21133, 1990
59) Sekido N, et al：Nature, 365：654-657, 1993
60) Bachelerie F, et al：Pharmacol Rev, 66：1-79, 2014
61) 武部 豊：『改訂版 分子予防環境医学』(分子予防環境医学研究会／編), pp165-188, 本の泉社, 2010
62) 横溝岳彦：『改訂版 分子予防環境医学』(分子予防環境医学研究会／編), pp20-28, 本の泉社, 2010
63) 横溝岳彦：実験医学, 36：1681-1686, 2018
64) 杉本幸彦, 市川 厚：Hormone Frontier in Gynecology, 10：251-258, 2003
65) 青木淳賢：実験医学, 36：1608-1615, 2018
66) 藤田禎三：『改訂版 分子予防環境医学』(分子予防環境医学研究会／編), pp29-35, 本の泉社, 2010
67) 『補体への招待』(大井洋之, 他／編), メジカルレビュー社, 2011
68) 渡辺秀人：『改訂版 分子予防環境医学』(分子予防環境医学研究会／編), pp36-44, 本の泉社, 2010
69) Kuno K, et al：J Biol Chem, 272：556-562, 1997
70) 松郷誠一, 他：『改訂版 分子予防環境医学』(分子予防環境医学研究会／編), pp45-67, 本の泉社, 2010
71) Yamamoto M, et al：Physiol Rev, 98：1169-1203, 2018
72) 本橋ほづみ：実験医学, 35：3369-3373, 2017
73) 井田智章, 他：日本薬理学雑誌, 147：278-284, 2016

第4章
炎症特有の病態・症状

第4章

炎症特有の病態・症状

1 痛み・かゆみ

1）痛みをどのようにして感じるか？

疼痛は「機械的・化学的・熱刺激などのストレスによる組織損傷がもたらす不快な感覚的体験」と定義されます．ストレスが過ぎ去るとすみやかに消失する一過性の**急性疼痛**は，危険物侵襲に対する重要な生体防御反応です．一方，ストレスが過ぎ去り組織損傷が治癒しても永く継続する痛みは**慢性疼痛**とよばれ，臨床的には非常に厄介な問題です．慢性疼痛は，**異性痛**（allodynia＝通常では痛みを引き起こさないような軽い強度で触るだけで痛みを感じる状態），**痛覚過敏**（hyperalgesia）を伴う場合があります．慢性疼痛をもたらす原因としては，外傷・炎症・変性などによる神経障害によって起こる**神経障害性疼痛**（neuropathic pain）が代表的なものです．

皮膚などに侵襲が加わった場合，侵襲ストレスが末梢神経の**Aδ（delta）線維**（ミエリン鞘をもつ太い神経で伝導速度が速い線維）と**C線維**（ミエリン鞘がなく細い神経で，伝導速度が遅く，痛みが永く続く線維）の末端で認識され，脊髄後根，脊髄後角，脊髄視床路を経て大脳皮質側頭葉知覚領野に伝えられます．**機械的刺激はAδ／C線維，熱刺激はC線維，化学刺激はC線維**によって感知されます．**図1**に，神経障害性疼痛をもたらす一次ニューロンから二次ニューロンへの伝達機序について示します．

さまざまなケモカインが疼痛に関与することが知られております．例えばIL-8/CXCL8による痛覚過敏，MCP-1/CCL2による神経線維周辺へのマクロファージ浸潤誘導ならびに脊髄のマイクログリア刺激，フラクタルカイン/CX3CL1によるニューロン刺激などが，直接的もしくは間接的に神経障害性疼痛にかかわることが報告されています．また，ミクログリアの活性化にATPがかかわり，その受容体P2X4をブロックすると，神経障害性疼痛に対する強い鎮痛作用があることが報告されています．

2）かゆみの科学・化学

さまざまな炎症に伴って，時折かゆみが生じます．かゆみと言っても①虫刺されやさまざまな物質による末梢組織感覚ニューロンの刺激による搔痒（pruriceptive itch）②帯状疱疹，神経外傷に伴う慢性的な搔痒（neuropathic itch）③腎不全などによる中枢性搔痒（neurogenic itch）④精神的理由による搔痒（psychogenic itch）の4種

100　もっとよくわかる！炎症と疾患

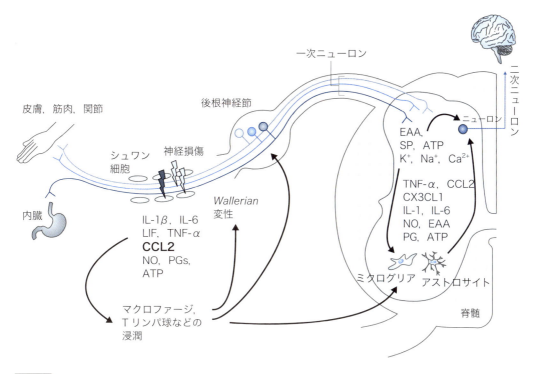

図1 神経障害性疼痛の機序

類に分類されます．

　かゆみの機序に関してはまだまだ不明なところが多く，有効な治療薬が求められています．一方，たくさんの物質がかゆみをもたらすことが知られています．末梢組織（例えば，皮膚）におけるかゆみには**後根神経節（dorsal root ganglion：DRG）から派生する非ミエリン化（髄鞘に覆われていない）C線維と薄く髄鞘に覆われたミエリン化Aδ線維がかかわっており**，これらにより掻痒感が捉えられます．掻痒特異的末梢神経軸索にはMrgprA3（Mas-related G-protein-coupled receptor A3），唐辛子の辛味成分カプサイシンの受容体であるイオンチャネルTRPV1，TRPA1などが発現することが知られています．ヒスタミンは主にC-線維に，クロロキンはTRPA1に作用します．

　近年，アトピー性皮膚炎などに伴う慢性的なかゆみの原因物質としてIL-31が非常に注目されており，そのシグナル伝達の阻害剤である抗IL-31受容体抗体が著効を呈することが臨床的に明らかになりました．図2にその機序の概要を示します．

　損傷皮膚の上皮角化細胞（ケラチノサイト）より放出されたアラーミン，とりわけIL-33ならびに浸潤Th2細胞と好塩基球が産生するIL-4により，Th2細胞やILC2細胞が活性化されると，これらの細胞がIL-31を産生します．IL-31はIL-31受容体であるIL-31RA/OSMRヘテロダイマーを発現する皮膚上皮角化細胞に作用してIL-1α

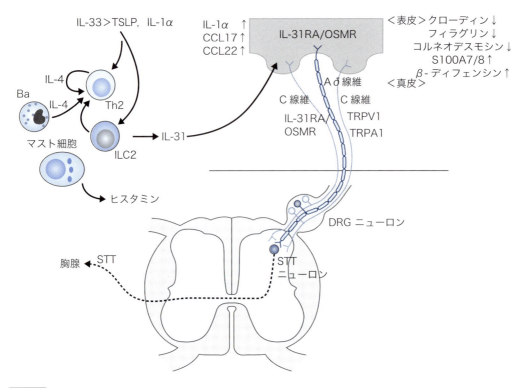

図2　かゆみの機序

STT（spinal thalamic tract）：脊髄―視床下部経路．

ならびに，Th2細胞をよび寄せるケモカインであるTARC（CCL17）やMDC（CCL22）の産生を誘導し，炎症反応を加速させ，クローディン・フィラグリン・コルネオデスモシンなどの上皮細胞間接着分子の発現を低下させ，その結果皮膚バリア機能が低下します．一方，IL-31はS100やβディフェンシンなどの抗菌ペプチドの産生を上昇させ，また，皮膚に存在する求心性，感覚ニューロン軸索にはIL-31Rが発現し軸索

Column

アラーミン

アラーミンは，「体内組織損傷または感染において自然免疫と獲得免疫反応を増強させ，宿主に危険な状態を警告する物質」と米国国立がん研究所のJoost J. Oppenheimにより2005年に命名されました．一般的に，アラーミンは細胞死によって細胞外に放出され，NF-κBのような炎症関連経路を活性化し，自然免疫のみならず獲得免疫応答も誘導できる内因性の物質群です．①細胞顆粒内のディフェンシン（defensin）とカセリシジン（cathelicidin）②細胞質内のS100タンパク質と熱ショックタンパク質（heat shock protein：HSP）③細胞核内のヌクレオソーム結合タンパク質HMGB1（high mobility group box-1）とHMGN1　④IL-1α，IL-33などの核タンパク質でありながらサイトカインに分類される物質などに分類されます．

(fiber)の伸長，分岐を促します．掻痒シグナルは神経線維（Aδ線維・C線維）から脊髄後角の脊髄視床路ニューロンに伝えられSTT（spinal thalamic tract）を通り視床細胞を経て大脳皮質知覚領野で認識されます．

3）かゆみと痛みのクロストーク[1)〜6)]

図3に示すように痛み経路とかゆみ経路の間にはクロストークが存在します．虫刺されなどによりかゆみを感じると，自然に皮膚を引っ掻きなんとか耐え忍ぶわけですが，引っ掻きによる痛みがかゆみを軽減することは，経験上も理解できると思います．モルヒネ様物質（オピオイドともよばれます．このうち，内因性生理活性物質としてはβエンドルフィン，エンケファリンなどが該当します）はμ受容体を介して鎮痛作用を示しますが，かゆみ反応性の神経節ニューロン上のμ受容体の変異体MOR1DとGRPRのヘテロダイマーを介してかゆみを誘導する場合があります．また，κ受容体作動薬（一般名：ナルフラフィン，商品名：レミッチ）は止掻作用を示すことがわかり臨床応用されています．

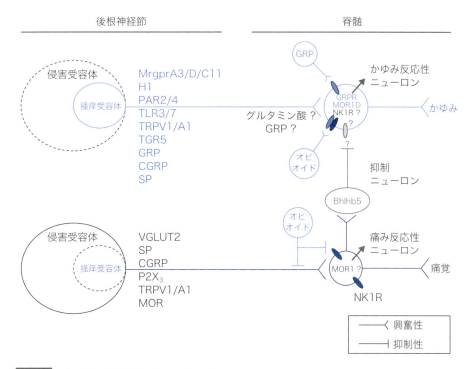

図3 かゆみと痛みのクロストーク

文献5より引用．

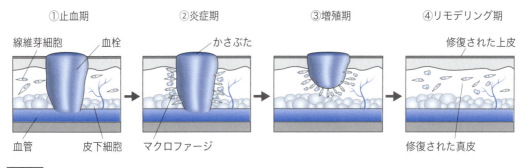

図4 創傷治癒の過程

2 創傷治癒の過程における肉芽組織形成機序

　軽度の皮膚などの急性損傷（切創）治癒の過程（1～2週間）は以下のような4期に分類されます．①**出血，凝固，止血期**：出血を伴う血漿成分による凝固，血小板による止血とサイトカイン（PDGF・TGF-βなど）の放出　②それに続く**炎症期**：好中球・マクロファージ浸潤による壊死組織の貪食・創の清浄化と線維芽細胞の集簇・活性化　③**増殖期**：線維芽細胞の増殖・活性化による線維化・結合組織による置換，創の収縮　④**リモデリング期**：上皮細胞の増殖による上皮化・瘢痕形成による損傷組織の修復（図4）です．

　一方，真皮を超える広範囲での深い損傷の場合，損傷部位は線維芽細胞の移動・増殖と血管内皮細胞による血管新生によって置換され，3～5日目で肉芽組織が形成され，最終的には膠原線維などの結合組織のみからなる瘢痕化が起こり治癒します．しかし，くり返し起こる組織損傷・感染などによりこれらの組織修復・リモデリングがうまく行かないときは褥瘡になり，非常に難治性です．

3 血管新生

　血管新生（angiogenesis）は，創傷治癒や腫瘍の造成のみならず生殖・発生の過程においても起こる現象です．既存の血管枝が分岐して新たな血管網が築かれます．図5に示すように血管新生の過程は数ステップからなり立ち，① 血管新生は細静脈・毛細血管からはじまります．慢性的な血管拡張・血管新生因子の刺激によりプラスミノーゲン活性化因子，メタロプロテアーゼであるMMP（第3章-5）の産生が誘導され，それらにより血管内皮の基底膜破壊が起こります．② 次に，血管新生因子に向かっての血管内皮細胞の遊走・増殖　③ 管腔の開放，管腔形成，毛細管に沿うフィブリノゲン，ラミニン，コラーゲンVIの集積による基底膜形成が起こります．また，新生血管周囲

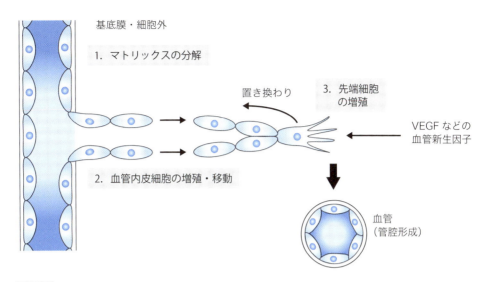

図5 損傷後の血管新生

には血管周皮細胞（ペリサイト）が集合し血管新生が完了します．最近，CD157⁺血管内皮前駆（幹）細胞が末梢組織における生理的な血管内皮細胞の維持ならびに損傷時の血管新生に重要な役割を果たすと発表され注目を集めております[7]．

1）血管新生・維持を制御するサイトカイン

　血管新生を制御するサイトカインとして，VEGF（vascular endothelial growth factor）があげられます．VEGFは浸潤マクロファージ，腫瘍細胞によって産生され血管内皮細胞に発現する受容体VEGFR2に作用し，血管内皮細胞の遊走，増殖，MMPの産生誘導をもたらす最も重要なサイトカインです．FGF（fibroblast growth factor）は，平滑筋細胞，線維芽細胞のみならず血管内皮細胞の増殖・分化に関与します．PDGF（platelet-derived growth factor）は血管内皮細胞，線維芽細胞の増殖・遊走に働きます．アンジオポエチン1（angiopoietin1：Agn1）とその受容体Tie2の相互作用は血管新生に必須であり，Agn1は血管周皮細胞から産生されTie2発現内皮細胞を活性化します．一方，血管内皮細胞はPDGF-Bを産生しPDGFRβ⁺血管周皮細胞を活性化することにより血管内皮細胞—血管周皮細胞の相互調節により血管が維持されます．TGF-βは，毛細管管腔形成に関与し，また平滑筋細胞，線維芽細胞にも作用してPDGF産生を誘導します．

　がん組織は一般的に酸素不足，pH低下，栄養不足により2〜3 mm³以上大きくなることは困難で，がん細胞は血管新生によりこれを克服します．がん組織におけるVEGFの発現を誘導する転写因子HIF（hypoxia inducible factor）-1αの活性は，通常の酸素状態（normoxia）では酸素センサーシステムである「HIF-1α-VHL（von

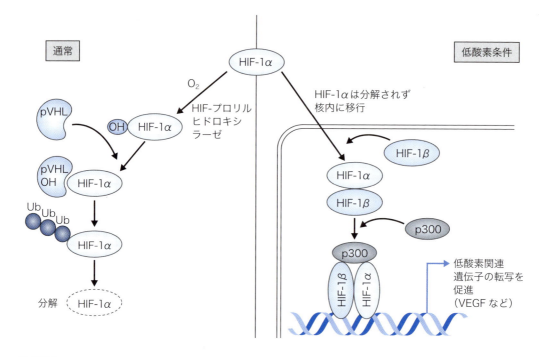

図6 低酸素応答機序

Ub：ユビキチン.

Hippel-Lindau)－ユビキチン（ubiquitin：Ub–プロテアソーム」によりHIF-1αがすみやかに分解され，抑制されますが，低酸素（hypoxia）状態では，HIF-1αは分解されず核移行し，HIF-1β（Arnt）との複合体を形成後，HRE（hypoxia responsive element）配列に結合しCBP・p300複合体のリクルートを介してVEGFなどの低酸素関連遺伝子の転写を促進します（図6）．

2）血管新生を抑制するサイトカイン

血管新生抑制性サイトカインとしては，I型IFNならびにIL-4などが知られています．一方，種々の炎症刺激は，NF-κBを介してVEGFの産生を誘導します．また，興味深いことに，ケモカインによる血管新生制御が知られております．CXCケモカインのうち，IL-8/CXCL8のようにN末端からアミノ酸配列を読んだときの最初のシステイン残基の直前にある3つのアミノ酸配列がELR（Glu–Leu–Arg）配列であるようなものは血管新生を促進する一方，IP-10/CXCL10のようにELR配列を有さないケモカインは血管新生を阻害します．マウスでの腫瘍モデル実験においてRas制御下にIL-8遺伝子があり腫瘍の周囲組織とのストローマ反応や血管新生を制御すると報告されています．また，低酸素状態のがん組織ではHIF-1αの活性化によりVEGFが，酸化ストレスによりIL-8産生が誘導され相補的に腫瘍に伴う血管新生を促進することが知られています．VEGFとIL-8を同時に抑制することにより強い血管新生抑制による腫瘍

抑制効果を示すことができる可能性があります．

4 肉芽腫

　肉芽腫（granuloma）は，侵襲異物に対する物理的封じ込め策であり究極の生体防御反応の1つです．肉芽腫には異物を封じ込めるように，中心には類上皮細胞（上皮細胞にみえるマクロファージ由来細胞），多核巨細胞（複数のマクロファージが融合して多核化した細胞）などとCD4$^+$T細胞と形質細胞が混在し，その周囲を線維芽細胞がとり囲むように存在し線維化を伴う，特有の肉芽構造をとります（**図7**）．感染性，腫瘍性，炎症性・免疫アレルギー性，薬剤・化学物質などが原因になったさまざまな肉芽腫があります．免疫学的に見た場合，肉芽腫には，①結核菌やサルコイドーシスの原因菌 *Propionibacterium acnes* などに対するTh1タイプの免疫反応を基盤とするもの　②住血吸虫などに対するTh2タイプの免疫反応を基盤とするもの　③シリカなどに対するT細胞非依存性のタイプがあります．

　肉芽腫形成において，種々のサイトカイン，とりわけTNF-α，IFN-γ，MCP-1/CCL2ケモカインなどが重要な役割を果たすことが知られています．肉芽腫組織における免疫応答には樹状細胞も関与し，マクロファージの巨核化にはIL-4/IFN-γが作用します．結核菌感染に伴う乾酪性肉芽腫[※1]では，細胞傷害性T細胞が感染マクロ

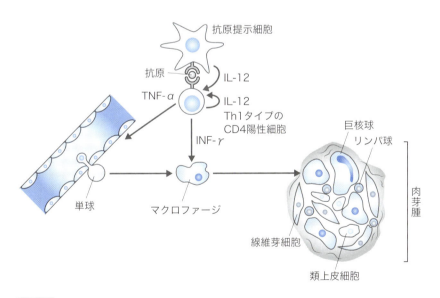

図7　慢性炎症に伴うTh1型肉芽腫形成

※1　乾酪性肉芽腫：結核や非定型抗酸菌症に伴う肉芽腫の中心部は，炎症の遷延化・肉芽腫の増大に伴いカッテージチーズ状に中心部が壊死を起こすゆえに，乾酪性肉芽腫と称されます．壊死の原因は，活性化された細胞傷害性T細胞による抗酸菌感染マクロファージの傷害の結果とされ，壊死部分には生きた抗酸菌が存在します．一方，壊死を伴わない非乾酪性類上皮細胞肉芽腫としてはサルコイドーシスが有名です．

ファージを殺傷することにより中心壊死が起こるとされています．過剰な肉芽形成は，サルコイド結節のように臓器障害をもたらします．時には肉芽腫を中心として好酸球浸潤を伴う線維化が進行する場合もあります．また，自己免疫疾患に伴うWegener肉芽腫症なども知られています．

5 線維化 [8]~[12]

炎症が慢性・遷延化しますと，さまざまな臓器において**線維化**（組織を形づくるコラーゲンなどの線維が臓器に過剰に貯まり，臓器の構造が壊れる現象）が起こり，臓器の機能障害がもたらされます．代表的な疾患として，肺線維症，肝硬変，腎不全などがあります．特発性肺線維症の罹患者数は国内で1万数千人，診断がついてからの平均余命は約3年と，肺がんと変わらない予後の悪い疾患です．肝硬変の罹患者数は国内で50万人とされ，予備軍としてのウイルス性肝炎も含めると300万人以上と数多く，肝硬変になって5年で11%の方が肝がんになります．近年では非アルコール性脂肪性肝炎（non-alcoholic steatohepatitis：NASH）による肝硬変，肝がんも大きな問題になってきています．肥満もさまざまながんのリスクファクターですが，とりわけ肝がんとの関連が高く，社会的に重大な課題です．糖尿病性腎症，IgA腎症，糸球体腎炎などに起因する腎症・腎硬化症による腎不全で透析を受ける患者数は国内で30万人に及んでおり，透析医療費は年1兆数千億円で国民総医療費の4%を占めていてなお増加傾向です．とりわけ，糖尿病性腎症が全体の4割を占めています．糖尿病は肝がんのリスクファクターでもあり，脂肪肝と合併することも多く重大な問題です．

残念ながら，2019年現在これらの線維化疾患に対して，臓器移植以外の根本的で有効な治療方法はいまだ有りません．その臓器移植もドナーの数が限られているうえ，肥満などの環境要因による再度の機能不全や，移植臓器の慢性拒絶の問題など，社会全体の解決策としては難しいのが現状です．また，すべての上皮がんは線維化を基盤（足場，ニッチ）に発生してきますので，がんの予防・制御のためにも線維化制御法を開発することは非常に重要な課題だと言えます．

1）線維化の細胞・分子基盤／機序

線維化病態を引き起こす原因には，既知のものだけでも遺伝子異常，慢性感染，薬物障害，粉塵曝露，自己免疫，心筋梗塞，肥満，高血圧，高血糖などがあり多岐にわたります．一方で，すべての線維化病態に共通するイベントとして，組織中でのI型コラーゲンなどをはじめとする**細胞外マトリックス**（extracellular matrix：ECM）の過剰沈着，それによる組織の構造破壊があげられます．これら細胞外マトリックスの産生において中心的な役割を果たすのが，組織中の活性化した線維芽細胞です．正常な組織修復においては，活性化線維芽細胞由来の細胞外マトリックスは創傷部位にお

ける足場として働き，再上皮化を促すなど組織を修復するうえで必須の物質です．組織修復プロセスでは細胞増殖や未熟な細胞からの細胞分化により，失われた細胞が補充されるとともに，一時的足場である細胞外マトリックスの分解・細胞破砕物デブリの除去がマクロファージを中心として行われ，正常な組織へと修復されます．線維化は何かしらの原因により，このような修復プロセスに異常が生じ，線維芽細胞の活性化が持続するためか，あるいは原因がとり除かれず炎症が慢性化し，組織傷害が持続することにより引き起こされると考えられています．線維化は慢性炎症に伴うことが多いことから想定されるように，傷害の起点となる上皮・内皮細胞の他に，さまざまな炎症性物質や自然免疫・獲得免疫細胞も線維芽細胞活性化に関与することが知られています．

2）線維芽細胞活性化に関与する細胞・分子群（図8）

　　感染や環境ストレス，薬剤などにより血管内皮細胞が傷害されると，血流中の血小板が血管壁のコラーゲンやvon Willebrand因子と接することにより活性化され，凝集反応が生じます．その過程において，活性化された血小板は血小板由来成長因子

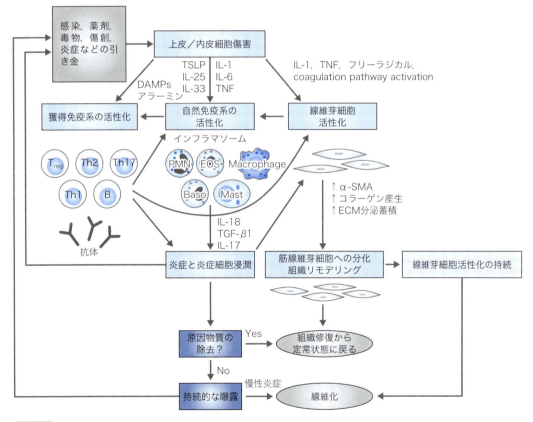

図8　線維化と組織修復の経過の概要

文献8より引用．

（PDGF）や，線維化における中心的な液性因子であるTGF-βを放出することで，近傍の線維芽細胞を活性化し，細胞外マトリックスの産生が誘導されます．このように凝固反応は線維形成の初期応答を促進しますが，一方で凝固反応の障害もまた肝線維化を誘導することが知られています．そのため，血液凝固応答バランスの維持が線維化を生じさせないためには重要だと考えられます．

　内皮細胞だけでなく，多くの外部刺激により傷害された上皮細胞もまた線維芽細胞活性化を誘導します．傷害された上皮細胞は，IL-25，IL-33を放出しTh2型の炎症反応を誘導し，間接的に線維化増悪サイトカインであるIL-13の発現上昇を誘導します．IL-33は四塩化炭素誘導肝線維化モデル，胆管結紮肝線維化モデルにおいて中心的な役割を果たしていることが知られています．また，上皮細胞はTGF-βの活性化をもたらす接着分子の一種であるインテグリン$\alpha v \beta 6$を発現していて，それらを介して線維芽細胞の活性化に寄与している可能性があります．実際に線維化肺の上皮細胞ではインテグリン$\alpha v \beta 6$の発現が上昇する他，インテグリンαvの欠損により線維化誘導が抑制されることが示されています．上皮細胞は，線維化発症の起点となるだけではなく，線維化の修復期において，組織修復を促進する役割ももっています．例えば，肺上皮細胞は，線維芽細胞活性化抑制能を有する，脂質メディエーターの1つであるプロスタグランジンE2を産生することで過剰なECM産生を抑制しています．

　組織傷害の初期過程において，迅速な好中球の浸潤が起き，続いて骨髄由来の炎症性単球が傷害部位へとMCP-1/CCL2-CCR2依存的に浸潤するのは，「第2章2-3)」で記した通りです．これらは傷害部位における感染防御において重要な役割を果たしています．その一方でそれらの病原体を排除する過程で放出される一酸化窒素や活性酸素種，エラスターゼやセリンプロテアーゼ，マトリックスメタロプロテアーゼ（MMP）といったタンパク質分解酵素は，正常細胞や組織に対してダメージを与え，上皮や内皮といった組織細胞の細胞死や細胞外マトリックス構造の破壊をもたらします．死細胞はアラーミンをはじめとするDAMPs（damage-associated molecular patterns）の放出源となり，その後に続く自然免疫応答の活性化を誘導します．活性化される代表的な自然免疫応答は，NLRP3インフラマソーム経路の活性化とそれに伴う活性化型IL-1β，IL-18の誘導，TNF-αやIL-6といった主要な炎症性サイトカインの誘導です．活性酸素種などの酸化ストレスや，肺においてはPM$_{2.5}$（particulate matter less than 2.5 μm）をはじめとする微細粒子は，インフラマソーム経路の活性化をもたらします．微細粒子や結核菌による肉芽腫構造の形成・維持には，マクロファージ・インフラマソーム経路が必須であり，それらに機能不全が生じるとびまん性の線維化病変となり，結核菌の場合，物理的に封じ込められず増殖し，病態が悪化します．このように，炎症反応に伴う線維化には正常な『防御機構』としての面もあり，一概にすべて抑制すればよいというものでもないと考えられます．

3）線維化におけるマクロファージの機能

　マクロファージの機能的分類として，M1/M2パラダイム〔第2章2-4〕が広く用いられてきました．しかし最近の研究により，線維化病態におけるマクロファージの活性化状態には前述の分類はうまく当てはまらないことがわかってきました．すなわち，線維化反応で誘導される活性化マクロファージはM1/M2両者のマーカー分子をともに発現しているため，「どちらとも分類できない」のです．マクロファージは線維化を促進するTGF-βの主要な産生源の1つである一方，組織修復の段階では細胞外のデブリやECMの分解，TNF-αなどの炎症性サイトカイン産生を通じて組織修復を促進します．線維化というコンテクストにおけるマクロファージの多様性・その生理的意義についてはまだ未解明な点が多く残されています．ただし，マクロファージ全体をクロドロン酸リポソームなどにより，組織修復期，または慢性炎症期に除去すると組織修復の遅延や線維化増悪が生じますので，慢性炎症の観点からは，マクロファージは線維化抑制的な役割の方が大きいと推察されます．

4）線維化における獲得免疫の機能

　獲得免疫系がどの程度線維化反応において重要なのかは議論が分かれています．その大きな理由の1つとして，獲得免疫を欠損する免疫不全マウスでも線維化が発症・進行することがあげられます．一方でTh17，Th1，Th2，Tregなどの各種ヘルパーT細胞は線維化反応を制御しうるサイトカイン（IL-17A，IL-4，IL-12，IL-13，TGF-β，IFN-γ）を産生していますので，部分的には関与しうると考えられます．臨床的にも抗炎症薬・免疫抑制剤の抗線維化薬としての開発はうまく行っておりませんので，獲得免疫系は線維化病態の進行には必ずしも必須でないと考えられます．

5）線維化病巣への線維芽細胞の供給源

　線維化病態形成において，ECMを豊富に産生する活性化線維芽細胞（このうちα-smooth muscle actin陽性で筋線維芽細胞とよばれる）はその中心に位置していますので，それら活性化線維芽細胞の供給源，活性化制御機構は古くから線維化研究において広く注目を集めています．活性化線維芽細胞の主要な供給源としては，組織常在線維芽細胞，上皮（内皮）間葉転換，骨髄の線維細胞その他の間葉系細胞との説がこれまで唱えられています（図9）．

　上皮（内皮）間葉転換とは，上皮／内皮細胞が線維芽細胞へと分化するという，がん組織においてしばしば認められる現象です．線維細胞（fibrocyte）とは，汎血球系マーカーCD45とI型コラーゲンの両者が陽性な細胞で，骨髄より全身循環を介して傷害部位に到達するとされる細胞です．蛍光イメージングや遺伝子改変マウスなどを駆使した細胞系譜追跡法を用いた最近の研究（筆者の松島らのグループを含む）により，上皮（内皮）間葉転換と線維細胞は，線維化臓器における活性化線維芽細胞プール

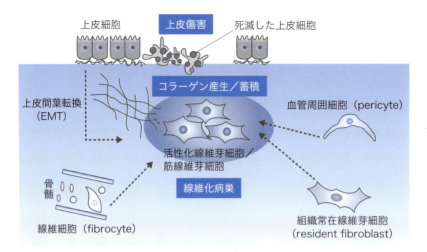

図9 活性化線維芽細胞の供給源の候補

EMT：epithelial to mesenchymal transition.

の主要な供給源ではないことが見出され，間葉系細胞が活性化線維芽細胞の主要な供給源であることは固まりつつあります．しかしながら，線維芽細胞や血管周囲細胞を含む多様な間葉系細胞のうち，どの集団が活性化線維芽細胞プールに，また線維化病態に主に寄与しているのかはいまだはっきりとしていません．その大きな理由の1つとして，活性化状態における間葉系細胞のサブセット，それらの間の可塑性などが明らかでないことや，それらサブセットに対する特異的な介入手段が乏しいことがあげられます．最近の包括的1細胞トランスクリプトーム法などの，細胞集団の多様性を仮説なしに高解像度解析ができる系の進歩は，前述の問題を一挙に解決することになるかもしれません．

6）線維芽細胞の活性化の制御

線維芽細胞の活性化にかかわる主要な分子の1つがTGF-β1です（図10）．TGF-β1

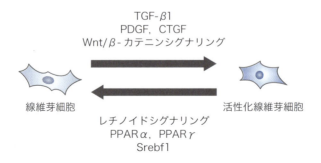

図10 線維芽細胞の活性化に関与する分子群

は，SMAD2/3経路の活性化を誘導し，活性化線維芽細胞のマーカー分子の1つである α-smooth muscle actin の発現を誘導し，Ⅰ型コラーゲンの産生を誘導するほか，線維芽細胞の収縮能を高める働きがあります．線維芽細胞活性化を誘導する成長因子としては，TGF-β1以外にもCTGF（connective tissue growth factor）やPDGFも知られています．その他，線維芽細胞活性化において重要なシグナル経路として，Wnt/β-カテニン経路があります．肺線維化において，Wnt経路に属する分子のFIZZ1/RELMα，FIZZ2/RELMβ，WISP1（Wnt-1-inducible signaling protein-1）は，2型肺胞上皮細胞で産生され，線維芽細胞活性化能を有することが知られています．その他，肺および肝臓の線維芽細胞はレチノイドを含む脂肪滴を豊富に有しており，線維化が生じ活性化した線維芽細胞は脂肪滴の含有量が減少します．実際に，脂質代謝の制御において中心的な転写因子であるSrebf1，PPARα，PPARγの増強は線維芽細胞の活性化を抑制することが筆者の松島らのグループも含むいくつかの研究により示されています．脂質代謝経路と慢性炎症，生活習慣病は密接な関係にあるので，脂質代謝バランスの変動と，それに伴う転写制御の変化もまた線維芽細胞活性化や線維化病態に寄与していると考えられます．

7）抗線維化薬の開発

　数十年来の研究により，線維化誘導や線維芽細胞活性化機構の解明が進んできましたが，臨床応用は遅れているのが現状です．2019年現在，特発性肺線維症（idiopathic pulmonary fibrosis：IPF）に対する抗線維化薬として，ピルフェニドンおよびニンテダニブ（VEGFR，PDGFR，FGFRチロシンキナーゼ阻害剤）が上市されていますが，それらの治療効果は限定的なものにとどまっています．臨床応用が進まないその大きな理由の1つとして，よい抗線維化作用を評価するための *in vitro* スクリーニング系・実際の線維化病態を反映した動物モデルが少ないことがあげられます．線維芽細胞は生体内からとり出し，培養シャーレに接着させた段階で，その性質が生体内のそれとは大きく変化してしまうことが網羅的遺伝子発現解析により明らかとなってきました．この培養系の問題は，昨今，再生医療の分野などで発展が著しい三次元細胞培養法が解決の糸口となるかもしれません．動物モデルも，その多くは急性炎症が病態の中心となるものが多く，実際のヒト病態のように徐々に，炎症非依存的に進行し，不可逆的状態に至るモデルは乏しいのが現状です．近年，アメリカを中心としたプレシジョン・メディシン開発のなかで，患者のゲノム情報や転写産物情報が加速度的に蓄積されるようになってきています．これらビッグデータの蓄積・解析などにより新たな"ヒト線維化病態"に関連する因子が発見され，実態にあった動物病態モデルがつくり出されれば，線維化病態の理解はさらに進むものと期待されます．

6 腸内細菌叢と炎症[13)~15)]

　ヒトを含む多細胞生物は，細菌をはじめとするさまざまな微生物と共生関係にあります．それら**共生細菌**は，体の表面（口腔や腸管などの管腔内を含む）に広く分布していて，その数はヒトの場合，数百兆個程にのぼり，その多くは腸管に分布しています．共生細菌は宿主との相互作用を通じて複雑なバランスを保っていて，その総体を**共生細菌叢**（commensal microbiota），腸管におけるそれを**腸内細菌叢**とよびます．近年の次世代シークエンサーの発展により，培養困難なものが多い腸内細菌を網羅的に調べることが可能となり，腸内細菌叢の実態が解析されるようになってきました．腸内細菌叢を含む共生細菌叢は，出生直後よりはじまる細菌叢への曝露により成立すると考えられています．その主要な経路の1つは授乳であると考えられていますが，詳しい機序の多くが不明です．炎症の観点からは，出生直後の幼少期における共生細菌叢の成立は，リポ多糖（LPS）などの細菌由来リガンドによる，Toll様受容体（TLR）を介した炎症誘導に対する感受性の低下や，腸管における二次リンパ組織やクリプトパッチの形成において重要であることが知られています．

　成人において，腸内細菌叢は腸管上皮細胞や免疫細胞により制御されています（**図11**）．腸管上皮の杯（さかずき）細胞は粘液を産生することで細菌と腸管上皮との接触を減らすほか，腸管上皮細胞はα–ディフェンシンやRegII Igなどの抗菌ペプチドを産生することにより細菌叢を制御しています．パイエル板における樹状細胞による細菌叢由来抗原提示は，IgA産生B細胞が誘導され，それらIgAにより細菌叢の接着能などの機能が調節されます．腸管は常に腸内細菌叢に曝露されているため，定常状態においてはIL–17やIFN–γを産生するT細胞のほとんどが腸管に存在します．

腸内細菌叢の変化がもたらす疾患

　腸内細菌叢の炎症へのかかわりとしてまず，食物などの抗原に対する免疫寛容へのかかわりがあげられます．腸内細菌叢は腸管における食物由来抗原に対するT_{reg}細胞の誘導と，それに伴う免疫寛容の誘導において必要です．慢性炎症とのかかわりでは，潰瘍性大腸炎，クローン病といった炎症性腸疾患（IBD）とのかかわりが知られています．潰瘍性大腸炎やクローン病患者の腸内細菌叢は多様性が減少するとともに，より炎症誘導能の強い*E. coli*, *Yersinia*属の細菌や*Clostridium difficile*（2016年より*Clostridioides*に属名変更）が頻繁にみられることが報告されています．このような腸内細菌叢の病的な変化をディスバイオーシス（dysbiosis）と言いますが，病的な腸内細菌叢の腸炎へのかかわりを示した実験として，腸炎を自然発症するTRUCマウスから採取した腸内細菌を野生型マウスの腸内に移入すると，野生型マウスでも腸炎が発症するといった報告があります．腸内細菌叢はきわめて多様であり，個々の細菌やある特定の細菌のグループが炎症病態にかかわっているのか否かは，手段の少なさもあ

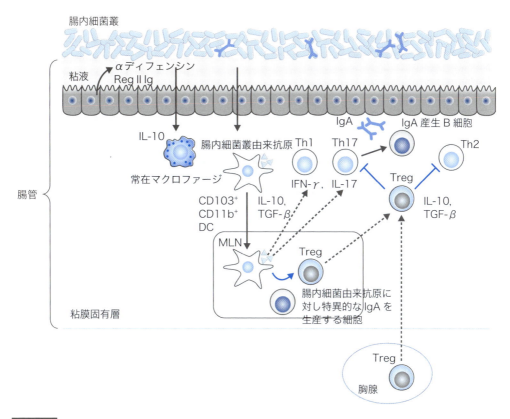

図11 腸内細菌叢と免疫とのかかわり

り未解明な部分が数多く残っているのが現状です．

　これら腸内細菌叢と炎症とのかかわりを解析するうえでの大きな壁の1つに，菌体成分を認識するパターン認識受容体の利用がマウスとヒトで異なることがあげられます．例えば，*Bifidobacterium* はTLR2とTLR9により認識されますが，TLR9はマウスではほぼすべてのミエロイド系細胞で発現しているのに対し，ヒトでは形質細胞様樹状細胞とB細胞に発現が限られています．腸内細菌叢の前臨床研究とヒトへの応用の橋渡しには，より簡便・安価なヒト化マウスなどの方法論の開発もまた重要になってくると考えられます．

> **もっと詳しく**
>
> ● がん治療と腸内細菌叢のかかわり
>
> 　昨今，腸内細菌叢のがん治療応答へのかかわりもまた着目されてきています．シスプラチンやオキサリプラチンといった白金製剤は，DNA複製時にDNA損傷を誘導することで，がん細胞をはじめとする増殖応答の大きい細胞を傷害します．腸管上皮もまた増殖応答の大きい細胞集団ですので，腸管のバリア機能も白金製剤は傷

害し，腸内細菌叢に対する免疫応答が腸間膜リンパ節などで誘導され，全身性の炎症反応が生じます．マウス皮下移植腫瘍モデルにおいて，腸内細菌叢の存在しないgerm-freeマウスでは，通常のマウスと比べ，シスプラチンやオキサリプラチンの抗腫瘍効果が著明に減少することが報告されています．germ-freeマウスでは，主にミエロイド系の細胞により産生される，DNA損傷を誘導するROS（reactive oxygen species）の，白金製剤による誘導が減少します．その他，骨髄移植に用いられる放射線照射と腸内細菌叢とのかかわりも知られています．放射線の全身照射に対しては，germ-freeマウスの方が通常マウスよりもより耐性があることが知られています．逆に，放射線照射に伴う粘膜障害に対し，*Bifidobacterium*, *Lactobacillus*, *Streptococcus*といった細菌が防御的に働くことも知られています．

　がん免疫療法と腸内細菌叢とのかかわりとしては，抗CTLA-4抗体の抗腫瘍効果がgerm-freeマウスでは減弱することが知られています．抗CTLA-4抗体は副作用として腸炎の誘導がありますので，腸炎を抑制しつつ抗腫瘍効果を担保するような腸内細菌叢の同定や，腸内細菌叢の治療前後での変動の，がん治療のバイオマーカーとしての利用をめざした研究が行われています．

7 　細胞死と炎症 [16) 17)]

　炎症反応が生じている部位では，細胞死がしばしば生じています．細胞死は形態学的には**アポトーシス**（細胞質の縮小，クロマチンの凝集，核の断片化），**オートファジー**（細胞質における液胞化と貪食による除去）を伴う細胞死，**ネクローシス**（前述2者のような特徴をもたない細胞死）に分類されます．アポトーシスは発生過程における細胞死の中心で，アポトーシスを生じた細胞は，細胞膜構造を保ったままその内容物を細胞外に放出することなく，マクロファージをはじめとした貪食細胞により貪食されて除去されます．それに対しネクローシス様の細胞死は，生理的・物理的・化学的ストレス（例えば温度変化，pH変化，物理的傷害など）の存在下や炎症時にしばしば生じます．ネクローシス様に死にゆく細胞は，細胞外にさまざまな細胞内のコンポーネントを放出します．アラーミンも含むそれらの放出された物質は組織傷害の警報（danger signal）として働き，炎症の起点となったり炎症をさらに促進したりします．そのようなdanger signalを構成する物質を総称してDAMPsとよびます．DAMPsは，TLRs，NLRs，CLRsといったさまざまなパターン認識受容体や，物質特異的な受容体によって認識され，その結果細胞の活性化やサイトカイン，ケモカインの放出が誘導されます．

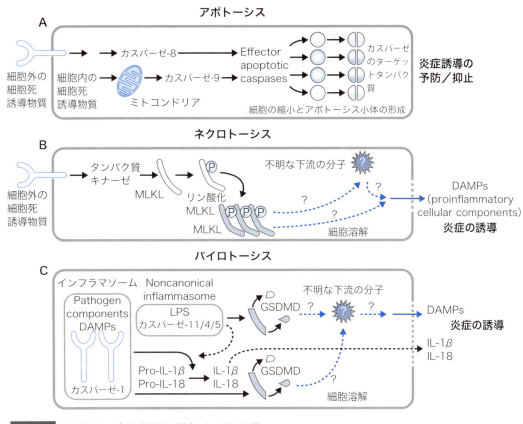

図12 細胞死の主な種類と関与する分子群

文献17より引用.

ネクローシスの種類とその誘導メカニズム

　近年の研究により細胞死にも多様性があることが明らかとなってきました．特に，炎症とのかかわりの強いネクローシスの主なサブタイプとして，ネクロトーシス (necroptosis)，パイロトーシス (pyroptosis)，フェロトーシス (ferroptosis) が提唱されています (**図12**).

　細胞死の誘導に関する分子的なメカニズムも，近年の研究により明らかにされつつあります．まずはじめにアポトーシスに関してですが，その誘導メカニズムには細胞膜上の受容体を介する2つの主要な経路があります．1つ目はdeath receptorを介するもので，FAS (Fas cell surface death receptor) またはTNFR1，およびTRAILR1/2細胞膜受容体に対するリガンド (FasL, TRAIL) の結合をトリガーとして，カスパーゼ-8の活性化によるアポトーシスが誘導されます．もう1つはdependence receptorとよばれるものを介する仕組みで，それら受容体に対するリガンドの濃度が低下することによりアポトーシスが誘導されます．つぎにネクロトーシスに関してですが，TNF-RIPK1, interferon-induced protein kinase (PKR)，またウイル

ス由来核酸を認識するTLR3-TRIF経路により誘導されます．それらの下流ではRIPK3を介したMLKLのオリゴマー化が生じ，細胞内のイオンバランスの変化などにより細胞死が生じると考えられています．ネクロトーシスにかかわるそれらの分子は，インフラマソームの形成にも関与することでIL-1βなどを介した炎症を促進します．パイロトーシスは病原体の細胞への感染により誘導される細胞死で，インフラマソームの活性化，カスパーゼ-1の活性化を通じたIL-1βやIL-18の分泌により炎症を誘導します．パイロトーシスの誘導メカニズムとしては，病原体由来の細胞内のリポポリサッカライド（LPS）などをカスパーゼ-4，5，11などのパターン認識受容体が認識し，Gasdermin Dタンパク質の切断が誘導され，切断されたそれらがオリゴマー化して細胞膜に穴を形成することで細胞死が誘導されます．最後にフェロトーシスは，細胞内がROS（reactive oxygen species）やその名の通り鉄イオンへの曝露，それに伴う細胞内の脂質の過剰な酸化などにより誘導される細胞死です．フェロトーシスはその他の細胞死で重要な役割を果たしている，カスパーゼやオートファジー非依存的に生じます．フェロトーシスの誘導メカニズムはまだ不明な点が多いですが，鉄トランスポーターのtransferrin，鉄貯蔵タンパク質ferritin，鉄を活性中心にもつlipoxygenaseが関与していると考えられています．還元型グルタチオン依存的酵素である，グルタチオンペルオキシダーゼ4（GPX4）が，内在性のフェロトーシスインヒビターであることが知られています．

炎症とのかかわりの強い細胞死は，炎症を誘導するとともに，炎症性サイトカインによってもまた誘導されうるので，ポジティブフィードバックを形成していると考えられます．そのため，炎症と細胞死の間における，原因と結果の切り分けは難しいのが現状です．依存関係のより詳細な理解のためには，ある特定の細胞死特異的な介入系の確立が必要だと考えられます．

8 肥満も炎症 [18) 19)]

脂肪組織が過剰に蓄積した状態を**肥満**と言い，肥満により健康状態が乱れ病気の合併が予測され減量する必要がある状態を**肥満症**と定義されます．肥満は高血圧症，脂質異常症，耐糖能異常，動脈硬化症など生活習慣病の危険因子であり，内臓脂肪蓄積を基盤とした代謝異常が蓄積した病態を**メタボリックシンドローム**という概念で捉えます．

WHOの基準ではBMI（Body Mass Index）が30を超える人を肥満（欧米では男女ともに約30％存在し，本邦では男性3％，女性4％ぐらいと推定），25〜30の人を過体重としますが，**本邦ではBMIが25を超える人を肥満として判定**しています．それは，日本人においては，BMI 25以上で高血圧症，脂質異常症，耐糖能異常の発症危険率が2倍になり，糖尿病，循環器疾患のリスクが高いからです．2019年現在，日

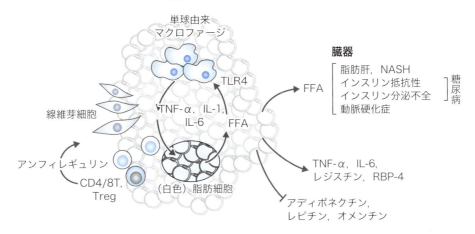

図13 脂肪組織を起点とする全身炎症

文献19を元に作成.

本人男性の肥満者が増加しています.

脂肪組織の主な細胞はもちろん**脂肪細胞**です.脂肪細胞には**白色脂肪細胞**と**褐色脂肪細胞**があり,白色脂肪細胞は過剰なエネルギーを細胞内に中性脂肪として蓄積し,エネルギーが必要な場合は中性脂肪を分解して脂肪酸(free fatty acid:FFA)を放出します.褐色脂肪細胞は熱産生を介したエネルギー消費の機能を有します.**肥満は白色脂肪細胞が過剰に肥大・増殖した状態**です.

近年,脂肪細胞はさまざまな**生理活性物質(アディポカイン,adipokines)**も産生し,エネルギーバランスを制御する重要な内分泌器官としての役割を有することがわかってきました.一度,肥満状態になるとメタボリックシンドロームの基盤である耐糖能異常が起こりますが,その原因は肥大した脂肪細胞からの悪玉アディポカインであるTNF-α,IL-6やレジスチン(resistin),Retinol-Binding Protein 4の産生亢進と善玉アディポカインであるアディポネクチン(adiponectin),レプチン(leptin),オメンチン(omentin)などの産生低下であるとされています.

内臓脂肪組織においては,脂肪細胞の肥大とともに血管新生やマクロファージなどの白血球浸潤を伴う炎症状態になり組織再構築が起こります.脂肪細胞からケモカインMCP-1/CCL2が産生され,脂肪組織に血管内から単球が遊走してマクロファージ浸潤をもたらします(図13).

🔍 もっと詳しく

● **脂肪組織における無菌的炎症**[19]

浸潤マクロファージはTLR4を高発現し,TNF-α,IL-6,IL-12などを産生するM1タイプのマクロファージの様相を呈します.脂肪細胞が産生するパルミチン

酸などのFFAはTLR4の内因性リガンドとしても作用し，浸潤マクロファージを活性化します．活性化した浸潤マクロファージでは，死細胞から放出される細胞核内タンパク質SAP130の受容体であるMincleの発現が増加し，これを介して細胞死を感知します．この経路は肥満の脂肪組織で観られる脂肪細胞をとり囲むようにマクロファージが集積している病理像「crown-like structure」形成にかかわるとされています．また，NLRP3インフラマソームも肥満に伴って増加するスフィンゴ脂質であるセラミドを認識しマクロファージの活性化にかかわるとされています．このように，肥満脂肪組織ではさまざまな内因性 danger signals が関与し，無菌的炎症（sterile inflammation）が起こり，慢性炎症状態をもたらします．

さらに，脂肪組織には，CD4$^+$/CD8$^+$T細胞も浸潤し，そのうちCD4$^+$ T$_{reg}$細胞からはアンフィレギュリン（amphiregulin）という組織修復にかかわる重要なサイトカインが産生され，脂肪組織リモデリングを制御するとされています（図13）．

9 老化と炎症（図14）[20)～31)]

多細胞生物においては，必ず死が訪れます．動物種により寿命が異なりますが，同じ種においても環境条件が大きな影響を与え，双子ならびに近交系動物の寿命の個体差に関する研究から，寿命への遺伝要因の寄与度は25～30％程度と言われています．

老化の機序に関して ①老化そのものが遺伝的にプログラムされている ②加齢とともに障害が蓄積し，体の機能が低下し，そのうちに死を迎えるという説などがあります．また，老化といっても，細胞レベルの老化から，臓器・個体レベルの老化まであります．

細胞老化として，Leonard Hayflick により1961年に発表された正常培養細胞が一定の細胞分裂をくり返した後に増殖が停止し，不可逆的な増殖停止状態になる現象は非常に有名です．いわゆる"replication cellular senescence"です．この現象は，がん遺伝子などの活性化により分裂増殖した細胞が細胞老化状態に陥いることによりがん化を防いでいる，という意味では生体にとって重要な生体防御になります．

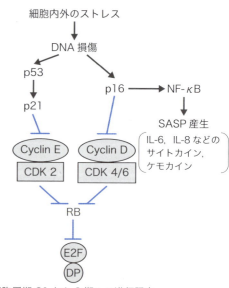

図14 ストレス侵襲に伴うSASP産生と細胞周期制御

もう1つの細胞老化機序として，たいへん有名な染色体末端粒テロメアに関する**テロメア仮説**があります．テロメアは染色体末端にDNA配列TTAGGG 6塩基（ヒトでは2,000単位）の反復配列を有します．この真核細胞の直鎖DNAは3′側複製が不完全で，複製のたびに短くなります．細胞分裂が進むと，テロメアが短くなりゲノムが不安定化するのを防ぐために細胞老化シグナルが発せられ，増殖停止する，という説です．なお，テロメアの短縮を防ぐ酵素テロメラーゼはヒトでは生殖細胞と幹細胞のみに存在しますが，齧歯類には正常体細胞にもテロメラーゼがあり，細胞分裂のたびに起こるテロメアの短縮が起こらないにもかかわらず細胞老化が観られます．すなわち，細胞老化にはテロメア以外の機序もかかわることがわかります．

　加齢とともに障害が蓄積し体の機能が低下する，という考えの機序としては「①フリーラジカル説　②突然変異説　③エピジェネティック説　④異常タンパク質蓄積による細胞破綻説　⑤膜老化説　⑥テロメア非依存的ながん遺伝子などによるp16^{INK4a}-Rb増加による細胞老化　⑦慢性ストレス・酸化ストレス蓄積によるp38活性化などを介する老化　⑧ERストレスによる細胞増殖を伴わないタンパク質毒性による細胞老化・アポトーシス」など諸説があります．

　古来から不老長寿の薬を求めるのは，人間の性でありますが，ビタミンA，ビタミンC，βカロテンをはじめとした抗酸化剤，種々のサプリメント，薬剤の投与臨床試験はいずれも失敗に終わっています．今まで，**科学的・実験的に老化遅延効果があると広くコンセンサスが得られているのはカロリー制限と冬眠のみです**．食事制限により空腹時血糖値の低下，インスリンならびにIGF-1の低下によるPI3K-AKT経路の抑制，mTOR-S6K経路の抑制などにより脂肪炭素源の増加，抗酸化酵素の増加，HSP（heat shock protein）/オートファジーの増加，ERストレスの低下などにより老化遅延，寿命延長がもたらされるとされています．

　分裂酵母で発見された長寿遺伝子Sir2は，グルコース代謝に関係しており，哺乳類においてもそのホモログであるサーチュイン（sirtuin）が注目されています．mTORはアミノ酸・栄養素センサーであり食事が豊富なときには成長を促進し，オートファジーを抑制します．mTOR阻害薬ラパマイシン（rapamycin）は酵母からマウスまで長寿をもたらすことが実験的に証明されています．AMPキナーゼ（AMPK）も栄養素・エネルギーセンサーであり細胞内AMP/ATP比が高くなると異化反応を活性化します．AMPKを活性化する抗糖尿病薬メトフォルミン（metformin）はマウスで延命効果をもたらします．しかしながら，これらが今のところヒトにおいて同様に長寿をもたらす証拠はありません．

　このようなさまざまなストレスによって引き起こされる細胞老化は慢性炎症の基盤をなし，組織再生の抑制はさらに老化を進行させます．細胞老化とともに転写因子NF-κBが活性化され**炎症性サイトカイン，ケモカインなど一連の分泌タンパク質**（senescence-associated secretary phenotype：SASP）の産生誘導が起こることが注目さ

れています．細胞老化は，おそらく生体にとって危険な細胞の増殖停止，すなわちがん化抑制という重要な生体防御機序でありながら，一方，SASP産生を介してがん化・慢性炎症をもたらし，さらに老化を促進するという二面性を有します．

10 敗血症[32)]

　敗血症（sepsis）とは，病原微生物そのもののみならずそれらの毒素によってももたらされる全身的炎症病態です．サイトカインをはじめとしたさまざまな介在因子によって引き起こされます．1991年に米国呼吸器学会と米国集中治療学会により**全身性炎症性症候群**（systemic inflammatory response syndrome：SIRS）という新しい疾患概念が提唱されました．敗血症のうち臓器障害，乳酸アシドーシス・意識障害など臓器での血液灌流低下や低血圧（平均動脈圧60 mmHg未満）を伴うものは重症敗血症と定義され，予後は非常に悪く致死率は30〜40％に達します．発症後1〜2日間は**敗血症ショック**に伴う臓器循環不全が主な死因でありますが，それ以降は**多臓器不全**（multiple organ dysfunction syndrome：MODS）が死亡につながります．敗血症ショックの初期は，心拍出量の増大と末梢循環不全を特徴とするhyperdynamic shockを呈しますが，その後心筋障害が進行しhypodynamicな血行動態に移行し，不可逆的転機をたどります．多臓器不全には肺，肝，腎，中枢神経系，心血管系，線溶凝固系[※2]などの障害があります．それらのうち，呼吸器障害が重症化しますと急性呼吸不全症候群（acute respiratory distress syndrome：ARDS）を引き起こし，線溶・凝固系障害は播種性血管内凝固症候群（disseminated intravascular coagulopathy：DIC）をきたし命にかかわる状態になります．敗血症の原因微生物としては，グラム陰性桿菌のみならず近年ではメチシリン耐性黄色ブドウ球菌（MRSA），ペニシリン耐性肺炎球菌（PRSP）を含むグラム陽性球菌，カンジダなどの真菌なども報告されています．敗血症の発症機序を**図15**に示します．

　敗血症ショックの主な原因は，末梢組織での一酸化窒素NOの過剰産生によるとされています．NOは，L-アルギニンを基質としてNO合成酵素NOS（nitric oxide synthase）によってつくられます．NOには，生理的条件下で恒常的につくられるCa^{2+}依存的cNOS（このなかには，血管内皮性eNOSと神経性nNOSがあります）と炎症刺激により活性化マクロファージなどにおいて誘導されるiNOSがあります．一般的には，iNOSによるNOの過剰産生が敗血症ショックの要因とされています．NOが血

※2　線溶凝固系：細胞傷害に伴う組織因子（tissue factor）による第VII因子，IX，X因子カスケード活性化，ならびに接触経路による第XI因子活性化によるIX因子活性化経路も存在します．その結果，プロトロンビンの活性化によるトロンビン産生，トロンビンによるフィブリノーゲンの切断，フィブリンの形成が起こります．また，トロンビンは第VIII因子の活性化を経て第X因子を活性化します．この経路はトロンボモジュリン，プロテインS/Cにより制御されます．このように複雑な，しかしきちんと統制された凝固経路が存在します．一方，凝固した血餅は組織プラスミノーゲン活性化因子であるウロキナーゼによってプラスミノーゲンがプラスミンになりフィブリンを分解しDダイマーなどの分解産物を生じます．

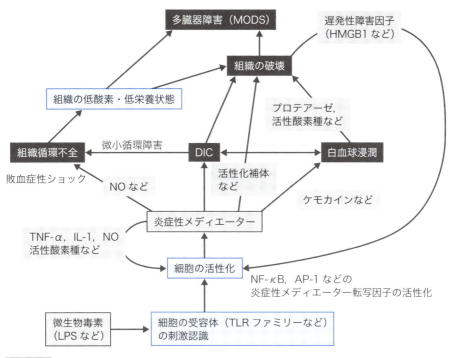

図15 敗血症に伴う全身性炎症

文献32より引用.

管内皮に作用するとグアニル酸シクラーゼ（guanylyl cyclase）が活性化され，その結果cGMP濃度が上がり，血管の透過性亢進と弛緩が生じます．cGMPは，アドレナリンなどの血管収縮性作動物質の反応も低下させ，さらなる血管の弛緩をもたらします．組織内に貯留した血液は，組織における浮腫も加わり，酸素・栄養分の補給を行うことなく毛細血管を経ずに動静脈吻合を経て静脈に移行，ついには，心機能低下も生じ，臓器障害が進行します．

播種性血管内凝固症候群（DIC）（図16）[33]

DICは組織因子（tissue factor：TF）により凝固が促進され循環血中のトロンビン，フィブリノーゲンの過剰生成の過程で血小板の凝集ならびに凝固因子の消費が亢進している病態です．慢性的に緩徐に進行するDICはがん，動脈瘤，海綿状血管腫などに併発し静脈血栓症，肺梗塞を引き起こします．一方，急速に進行するDICは胎盤早期剥離，羊水塞栓症などの産科疾患，感染症とりわけグラム陰性桿菌由来エンドトキシンによるマクロファージや血管内皮活性化によるTFの産生誘導，ムチン産生性膵がん，前立腺がん，TFを産生する急性骨髄性白血病，組織損傷などに伴い発症することが知られています．血液検査では血小板減少，凝固時間の延長，血漿Dダイマー（フィ

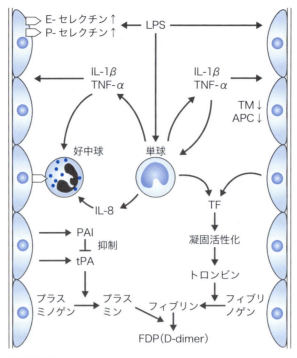

図16 DICの機序

文献33を元に作成.

ブリン分解産物)の上昇,血漿フィブリノーゲンの低下を特徴とし,微小血管血栓症に伴う臓器内出血により多臓器障害が引き起こされ,赤血球の破砕像,分裂赤血球,血管内溶血が観られます.

治療は,もちろん原因の除去が最も有効でありますが,補充療法(血小板,血漿,凝固因子など),アンチトロンビン,トロンボモジュリン,ヘパリンなどが使用されています.

参考文献

1) 小川 龍:日本腰痛学会雑誌,7:10-18,2001
2) Masuda T, et al:Nat Commun, 5:3771, 2014
3) Furue M, et al:Allergy, 73:29-36, 2018
4) Potenzieri C & Undem BJ:Clin Exp Allergy, 42:8-19, 2012
5) Liu T & Ji RR:Pflugers Arch, 465:1671-1685, 2013
6) Abbadie C, et al:Brain Res Rev, 60:125-134, 2009
7) Wakabayashi T, et al:Cell Stem Cell, 22:384-397.e6, 2018
8) Wynn TA & Ramalingam TR:Nat Med, 18:1028-1040, 2012
9) Tsukui T, et al:Chapter 2 Cellular and Molecular Mechanisms of Chronic Inflammation-Associated Organ Fibrosis.『Chronic Inflammation』(Miyasaka M & Takatsu K, eds), pp19-36, Springer Japan, 2016
10) Ramachandran P, et al:Proc Natl Acad Sci U S A, 109:E3186-E3195, 2012

11) Misharin AV, et al：J Exp Med, 214：2387-2404, 2017
12) Duffield JS, et al：Annu Rev Pathol, 8：241-276, 2013
13) Roy S & Trinchieri G：Nat Rev Cancer, 17：271-285, 2017
14) Belkaid Y & Hand TW：Cell, 157：121-141, 2014
15) Thaiss CA, et al：Nature, 535：65-74, 2016
16) Galluzzi L, et al：Cell Death Differ, 25：486-541, 2018
17) Wallach D, et al：Science, 352：aaf2154, 2016
18) 稲寺秀邦：『改訂版 分子予防環境医学』(分子予防環境医学研究会／編), pp385-393, 本の泉社, 2010
19) 蜂屋瑠見, 他：糖尿病, 54：480-482, 2011
20) 和田安彦：『改訂版 分子予防環境医学』(分子予防環境医学研究会／編), pp357-371, 本の泉社, 2010
21) Vijg J & Campisi J：Nature, 454：1065-1071, 2008
22) HAYFLICK L & MOORHEAD PS：Exp Cell Res, 25：585-621, 1961
23) Riera CE & Dillin A：Nat Cell Biol, 17：196-203, 2015
24) Sahin E & Depinho RA：Nature, 464：520-528, 2010
25) Baur JA, et al：Nat Rev Drug Discov, 11：443-461, 2012
26) Besson A, et al：J Clin Endocrinol Metab, 88：3664-3667, 2003
27) Johnson SC, et al：Nature, 493：338-345, 2013
28) van Deursen JM：Nature, 509：439-446, 2014
29) Jurk D, et al：Nat Commun, 2：4172, 2014
30) 山越貴水：日本老年医学会雑誌, 53：88-94, 2016
31) 真鍋一郎：日本老年医学会雑誌, 54：105-113, 2017
32) 刈間理介：『改訂版 分子予防環境医学』(分子予防環境医学研究会／編), pp301-313, 本の泉社, 2010
33) Matthay MA：N Engl J Med, 344：759-762, 2001

第5章
炎症難病治療を変革した サイトカイン抗体療法

第5章 炎症難病治療を変革したサイトカイン抗体療法

これまで炎症・免疫反応の基本的な仕組み，そこに介在する細胞・生理活性物質について見てきましたが，これらのなかでとりわけサイトカインが炎症難病に深くかかわり，これらを抗体などにより制御することで劇的な治療効果があることが明らかになってきました．

1 関節リウマチ (図1)[1]

関節リウマチ（rheumatoid arthritis：RA）は，自己の免疫が主に手足の小さな関節を対称的に侵すのが特徴です．関節の腫脹・朝のこわばりからはじまり，関節の痛み，ついには関節の軟骨破壊・骨吸収，変形，脱臼，拘縮により日常生活が困難になる代表的な慢性炎症性自己免疫疾患です．30〜40歳代の女性に好発し，日本には数十万人の患者がいるとされています．病気は，血管，心臓，肺，皮膚，筋肉など全身の臓器に及びます．一般的には，何らかの自己抗原を認識する病原性$CD4^+$ T細胞出現を基盤に，異常なB細胞応答，さまざまな自然免疫細胞・炎症細胞の活性化により

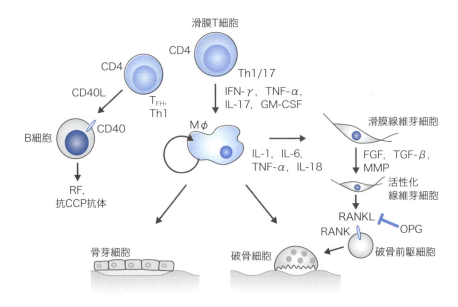

図1 関節リウマチのサイトカインによる制御

このような病態がもたらされると考えられていますが，いまだ原因は不明です．これまでに多数の疾患感受性にかかわる遺伝子（遺伝的素因）が同定されています．関節滑膜への浸潤CD4$^+$T細胞はTh1/17細胞に分化し，IFN-γ，TNF-αなどの炎症性サイトカインを産生します．CD4$^+$T細胞はB細胞を刺激し抗体産生性形質細胞に分化させます．これらの細胞から産生されるRA特異的抗体としては，リウマトイド因子（rheumatoid factor：RF）や抗CCP（環状シトルリン化ペプチド）抗体が知られ，関節内で免疫複合体を形成し，炎症を増幅するとされています．このようなCD4$^+$T細胞の活性化には抗原提示細胞（DC）による抗原特異的な活性化が必要です．一方，TregなどによるCTLA-4などを介する抑制システムも存在し，そのバランス異常によりこれらの病態がもたらされるものと理解されています．

　また，滑膜マクロファージ，滑膜線維芽細胞やさまざまな関節組織浸潤炎症細胞はTNF-α，IL-1，IL-6，IL-8/CXCL8，MCP-1/CCL2などのサイトカイン，ケモカインはじめさまざまな炎症介在因子を産生して炎症を増幅します．

　これまでの薬物療法としては非ステロイド抗炎症薬（NSAIDs），副腎皮質ステロイド，抗リウマチ薬，免疫抑制剤などがありましたが対症療法であり，病気の進行を遅らせる，寛解導入をもたらすという意味では十分な効果はありませんでした．一方，近年の抗TNF-α抗体，抗IL-6R抗体，CTLA-4製剤などの生物製剤は相当数の患者の骨破壊の抑制・修復をもたらし，一部の患者においては寛解・治癒をもたらす劇的な効果を示します．RAにIL-1阻害剤も有効ですが，前述の生物製剤と比較すると劣ります．また，マウスRAモデルと違い，抗IL-17/IL-17R抗体はほとんど無効です．サイトカインを標的とした抗体療法・生物製剤はRAの治療を根本的に変革したと言えます．

2　乾癬（図2）[2)][3)]

　乾癬（psoriasis）には遺伝的因子・環境因子が関与するとされますが，原因不明な非感染性慢性皮膚疾患です．欧米のコーカソイド（白色人種）に多く（人口の数％），境界鮮明な紅色局面ないし紅色丘疹で，銀白色の鱗屑を伴います．頭部，肘頭，膝蓋，腰部に好発します．

　組織浸潤した活性化マクロファージが産生するTNF-αは，乾癬発症機序の最上位に位置し骨髄性樹状細胞を活性化・成熟させケモカイン，IL-23の産生を誘導します．CXCR3$^+$CD4$^+$Th17細胞がMig/CXCL9により真皮にホーミング，さらにIP10/CXCL10依存的に表皮に浸潤し疾患発症に決定的役割を果たします．IL-17は，線維芽細胞や表皮細胞を刺激してIL-8/CXCL8などのケモカイン産生を誘導し，好中球浸潤をもたらします．また，角化細胞からの抗菌ペプチドの産生のみならず角化細胞の過剰増殖をもたらします．浸潤骨髄性樹状細胞はIL-23産生を介してTh22を刺激し，

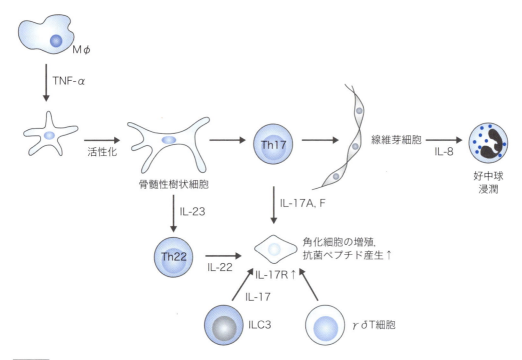

図2 乾癬の誘導と炎症亢進機序

角化細胞のIL-17R発現を亢進します．γδT細胞・ILC3からもIL-17が産生されますが，ヒト乾癬における関与は不明です．

従来は外用療法（副腎皮質ホルモン，ビタミンD3），内服療法（レチノイド，シクロスポリン，メトトレキサート），光線療法などが実施されましたが，有効治療が強く求められる疾患でした．そこに，近年，抗TNF-α抗体が有効であること，さらに抗IL-17抗体が著効することが判明しました．抗IL-17/IL-17R抗体により8〜9割の患者が完全寛解し，もはや他の治療法がいらない，とまで言われるようになりました．また，乾癬に伴う関節炎である乾癬性関節炎にも抗IL-17/IL-17R抗体は著効を示します．

3 自己炎症症候群[4〜7]

自己炎症症候群（autoinflammatory syndrome）という概念は，Michael McDermottらにより1999年TNF-α受容体関連周期性発熱症候群（TNF receptor-associated periodic syndrome：TRAPS）に対して提唱されましたが，現在では**抗原特異的T細胞が関与する自己免疫・アレルギーや感染症などの関与がなく全身性の炎症をくり返す疾患群**と定義されています．遺伝性周期性発熱症候群・遺伝要因のはっきりしない規則的発熱をくり返す周期性発熱疾患（syndrome of periodic fever, aphthous stomatitis, pharyngitis, and adenitis：PFAPA症候群）と特発性発熱症候群などが含まれます．遺伝性周期性発熱症候群の責任遺伝子には，インフラマソーム（inflammasome）関連遺伝子のほか，TNFR1，mevalonate kinase（高IgD症候群に関係），IL-1 receptor antagonist（DIRA）などが知られています．

インフラマソームは，2002年にJürg Tschoppらによって明らかにされたさまざまなDangerシグナルを受けた細胞内で形成されるNLR（Nod-like receptor），ASC（apoptosis-associated speck-like protein containing a caspase recruitment domain），カスパーゼ-1からなるタンパク質複合体です．インフラマソームはプロカスパーゼ-1の活性化を通じて炎症誘導性サイトカインであるpro-IL-1β，IL-18の活性化をもたらす一種のシグナロソームです．現在では，NLRP1-14，NLRC4，AIM2などからなるインフラマソームが知られていますが，それらのなかでNLRP3（Cryopyrin）インフラマソームが最も研究されています（**図3**）．インフラマソームが関連する代表的な疾患としてはCAPS（cryopyrin-asscociated periodic syndrome，NALP3の変異），DIRA（deficiency in IL-1 receptor antagonist），FMF（familial Mediterranean fever，MEFV変異），PAPA（pyogenic arthritis, pyoderma gangrenosum and acne，PSTPIP1変異）の他，ベーチェット（Behchet）病，痛風などがあります．重要なポイントは，これらの疾患の原因が解明されたことにより，今ま

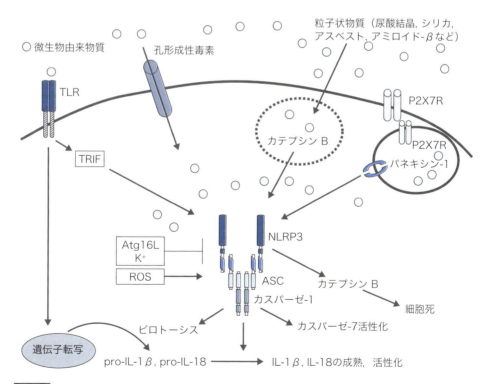

図3 NLRP3インフラマソームの活性化とIL-1β/IL-18産生

文献6より引用．

で治療方法がなく非常に予後不良であった前述の疾患群が，**IL-1阻害剤**で治療可能になったということです．さらに，**従来代謝疾患と捉えられていた動脈硬化症，Ⅱ型糖尿病もIL-1βが関与するインフラマソーム病である可能性**が出てきており，近い将来IL-1（β）阻害剤がこれらの生活習慣病治療薬として臨床応用されるかもしれません．

4 IBD[8)～10)]

炎症性腸疾患（inflammatory bowel diseases：IBD）は原因不明の慢性炎症性腸疾患で主にクローン病（Crohn's disease：CD）と潰瘍性大腸炎（ulcerative colitis：UC）からなります．IBD発症においては遺伝的素因のみならず，食事の欧米化，免疫異常，そして近年では腸内細菌叢も大きな影響を与えるとされており非常に複雑な背景を有する疾患です．CDは主に小腸・大腸を侵しますが，口から肛門まで及ぶ場合もあり，再燃と寛解をくり返す特徴があります．日本国内だけでも40,000人の患者がいるとされています．一方，UCは主に大腸を犯し，170,000人を超える患者がいるとされています．いずれの疾患も急増傾向にあり，IBDの合計が200,000人を超える状況になっています．IBDの治療といえば以前はスルファサラジン，ステロイド，

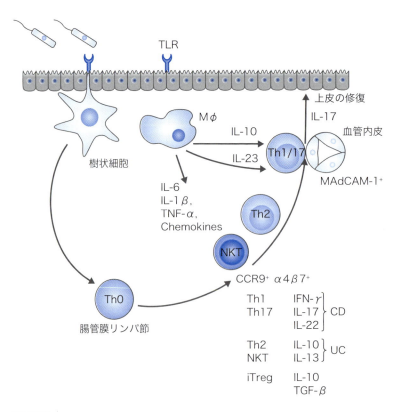

図4 炎症性腸疾患とサイトカイン

免疫抑制剤，抗菌薬ぐらいしかありませんでしたが，近年抗TNF-α抗体が著効することが判明し，IBDの治療に変革をもたらしました．

　IBDのマウスモデル解析を通して，TNF-α以外にもさまざまなサイトカイン，免疫細胞が関与することが提唱され（**図4**），これらを標的とした臨床試験が積極的に展開されています．腸管に浸潤するTリンパ球は細胞接着因子α4β7とケモカイン受容体CCR9を発現し，腸管血管内皮細胞表面にはMAdCAM（mucosal addressin cell-adhesion molecule）-1が発現しています．これらを標的した抗体，低分子化合物が治験で試されるなかで抗α4インテグリン抗体のみが成功しています．また，マウスモデルから誰しもが期待した抗IL-17A抗体，IL-23抗体が臨床試験で失敗したことはたいへんな驚きでした．抗IL-12p40抗体，IL-23p19抗体の効きももう一つということで，マウス実験モデルでの結果とヒト慢性炎症疾患治療結果の解離，ヒト疾患の複雑さ・多様性という点で今後の治療開発戦略の再考が求められています．

参考文献

1）Smolen JS, et al：Nat Rev Dis Primers, 4：18001, 2018
2）Gottlieb AB, et al：J Immunol, 175：2721–2729, 2005
3）Brembilla NC, et al：Front Immunol, 9：1682, 2018
4）Martinon F, et al：Mol Cell, 10：417–426, 2002
5）Masters SL, et al：Annu Rev Immunol, 27：621–668, 2009
6）Franchi L, et al：Nat Immunol, 10：241–247, 2009
7）楠原浩一：小児感染免疫, 22：43–51, 2010
8）Hisamatsu T & Hibi T：Jpn. J. Clin. Immunol, 32：168–179
9）Bilsborough J, et al：Amer J Gastroenterology Supplements, 3：27–37, 2016
10）Bilsborough J, et al：Am J Gastroenterol Suppl, 3：27–37, 2016

第6章

がんも炎症性疾患：
がん微小環境の炎症
制御によるがん治療

第6章

がんも炎症性疾患：がん微小環境の炎症制御によるがん治療

1 がん研究の歴史，流れ

近年，がんの進展・悪性化に関する分子機序が解明され，新しい診断技術・治療法の改善，薬剤開発が進んでいるにもかかわらず，がんによる死亡は一向に減らず，医療費も減少していません．

従来のがん研究には大きな2つのドグマがあります．20世紀前半までは，がん治療と言えば手術によるがんの除去のみでしたが，20世紀初頭にPaul Ehrlichは，"Chemical compounds can be synthesized to specifically target pathogens without affecting healthy tissues" という新たな概念，**Magic Bullet 説**を提唱しました．これは，1910年のサルバルサン（Paul Ehrlich/秦佐八郎），1928年のペニシリン（Alexander Fleming），1935年のサルファ剤（Gerhard Domagk），1940年のストレプトマイシン（Selman A. Waksman）などの抗生物質，化学療法剤による病原微生物特異的治療の成功に基づく考えですが，がん治療に対する考えにも大きな影響を与えました．これを受けて，1940年代 "Tumor is the pathogen and compounds targeting tumors without affecting healthy tissues are to be developed" というがん研究における第1のドグマが誕生しました[1]．

第2のドグマは，"**遺伝的変異の蓄積ががん細胞の無制限な増殖・悪性化をもたらす，がんは徐々に進展する病気である**" という概念です[1]．1976年Peter C. Nowellにより提唱され，実験的にEric R. FearonとBert Vogelsteinにより実証されました[2]．

1）がんの化学療法の開発

がん細胞は宿主にとって異物という考えに基づきがんの化学療法剤として1942年にナイトロジェンマスタード（非特異的DNAアルキル化剤）の抗がん作用が発見されました．これを契機にナイトロミン，シクロホスファミド，クロラムブシル，メルファラン，ウラシルマスタードなどが開発されました．1955年には米国NCCSC（the National Cancer Chemotherapy Service Center）が発足し，さらに多数の抗がん剤の開発がなされました．しかし，1980年代にはこれらの薬剤による**がんの寛解は短く，薬剤抵抗性のがんが出現する**という大きな壁に遭遇し，米国国立がん研究所（NCI）も一度は白旗を上げました．

がん細胞のみならず増殖性をもつ一部の正常細胞も抗がん剤の標的となることにより化学療法剤は残念ながらP. Ehrlichの理論を満たさなかったわけです．そこで，がん研究者はP. Ehrlich理論に合うよう，さらにがん細胞のみを標的とする薬剤探索を図りました．そこに出現したのが，**分子標的治療**（targeted therapy）の考えです．

2）分子標的治療に基づくがん治療

1980～1990年代のがんの分子生物学的理解に基づくがん治療，すなわちがんの分子標的治療という**究極のパラダイム**（pinnacle of paradigm）が出現しました．Oncogenes/tumor suppressor genesを特異的に制御することによりがんを退縮させることができる，とがん治療開発に携わる研究者は確信したわけです．慢性骨髄性白血病（chronic myelogenous leukemia：CML）におけるBcr–Abl translocation（Philadelphia chromosome）阻害剤イマチニブ，肺がんにおけるALK–EML4融合遺伝子変異を標的とした間野博行らの阻害剤クリゾチニブ，BRAF V600E/K変異のある進行メラノーマに対する酒井敏行らのMEK阻害剤トラメチニブなどが代表的な成功例です．しかし，Bcr–AblのCMLにおける変異は90％に観られますが，ほとんどの固形がんの発がんにかかわる遺伝子（driver genesという）変異頻度はそれほど高くなく数％程度です．

そこで今，期待されているのが次世代シークエンサー（next generation sequencer）を用いた個々の患者のがん組織のゲノム情報解析に基づくがんの**個別化医療**です．日本でも，数百のがん化に関連するドライバー遺伝子の変異検索に基づく個別化医療が本格化する段階にあります．ただそこには大きなPitfallがあります．より悪性度の高いクローンがいつもdominantになるわけではない，ということです．多くのがんは，複数のaggressive clonesを含んでおり，多くのクローンの解析が必要です．抗がん剤治療における薬剤耐性という大きな壁を克服することは困難であり，かつ，いわゆるがん幹細胞（cancer stem cells）を殺すことが難しく，がんの分子標的治療は長い夢である"がんの治癒"をもたらしたとは言い難い状況です．

そこで，現行のがん研究のDogma・Paradigmを打破するために，もう一度がんという魔物を見直してみる必要があります．がんも慢性炎症を伴って発生するという1863年にRudolf Virchowが主張しました"Inflammation and Cancer ― Inflammation–mediated cancer"という考えと，19世紀末のStephen Pagetによるがんの微小環境に関する**タネと畑説**（Seed and Soil hypothesis：The tumor is a complex entity that also comprises immune cells, mesenchymal cells, and additional extracellular components. The interplay between these elements dictates the tumor outcome.）が蘇ります[1]．

第6章
がんも炎症性疾患：がん微小環境の炎症制御によるがん治療

137

2 がんの免疫療法の歴史 (表1)

がんは慢性炎症に伴い起こり，がん細胞は炎症状態の線維芽細胞，血管内皮細胞や多様な浸潤白血球と細胞外マトリックスからなるストローマ（間質）を足場として生在する，という考えが定着してきました．それゆえ，ストローマ構成細胞・分子を標的とした治療・病態制御が模索されてきました．

1）免疫アジュバント療法

19世紀末の米国の外科医William Coleyが扁桃・咽頭腫瘍患者に化膿連鎖球菌を感染させる治療を施行，治療したことががん免疫療法の原点とされています．日本でも，戦後，溶連菌成分であるOK432，きのこ成分であるクレスチン・レンチナンなどが開発され末期がん患者に使用されてきました．また，結核ワクチンであるBCGが膀胱がん

表1 腫瘍免疫治療の歴史

免疫アジュバント	がんの免疫監視機構	腫瘍抗原の発見とがん特異的治療	免疫チェックポイント抗体
1893 Coley Vaccine OK432 PSK レンチナン BCG	1960 Cancer Immunosur-veillance Theory（M. Burnett） 1974 ヌードマウスにて化学発がんが増加しない（O. Stutman） 1979 ヌードマウスでもNK-IFN system依存的にがんの拒絶が起こる（N. Minato）	1950 マウスモデルにおける腫瘍特異抗原（L. Gross, R. T. Prehn, G. Klein, E. Klein） 1970 ヒト腫瘍特異抗原（L. J. Old, T. Boon, A. Knuth）	
DCの発見(R. Steinman) Pathogen-associated molecular pattern（C. A. Janeway） TLRなどDanger signal認識機構の解明（B. Beutler, S. Akira）	1995 Tregの発見（S. Sakaguchi） 2001 完全免疫不全マウスにおいて自然発がんが増加（R. Schreiber） 2002 Immunoediting仮説（R. Schreiber）	1985 LAK療法（S. Rosenberg） 1991 ワクチン療法 2002 TIL療法（S. Rosenberg） 2006 T細胞受容体遺伝子導入T細胞治療 2010 前立腺がん治療ワクチンPROVENGEがFDA認可	1992 PD-1遺伝子の単離（T. Honjoら） 1996 Anti-CTLA-4抗体によるマウスモデルでの抗腫瘍効果（J. Allisonら） 1999, 2003 PD-1欠損マウスが自己免疫様疾患を発症 2000, 2001 PD-L1の同定（G. Freeman, Y. Latchman） 2002 PD-1/PD-L1阻害による抗腫瘍効果（N. Minatoら）
	2012 Immunoeditingの実験的実証 次世代シークエンサーによるネオアンチゲンの同定（H. Matsushita, R. Schreiber）	2011 CAR-TによるCLL治療（C. June）	2012 Anti-CTLA-4抗体Ipilimumabの認可（日本） 2012 Anti-CCR4抗体Mogamulizumabの認可（日本） 2014 Anti-PD-1抗体Nivolumabの認可（日本）

治療などに使用されています．これらの効果と作用機序，有効性に対してさまざまな議論がなされてきましたが，がん患者の免疫を活性化するという点では合理的であり，それらの有効成分や免疫学的機序は，今日の自然免疫システムPAMP（pathogen-associated molecular pattern）認識機構解明，自然免疫と獲得免疫の連結という考えから，ある程度の科学的分子基盤を得たと言ってもよいのではと思われます．

2）腫瘍抗原の同定

　　腫瘍抗原・関連抗原の存在は，マウスでは1950年代に，ヒトでは1970年代にGeorge Klein，Lloyd J. Oldらによって提唱されました．Steven Rosenbergらによるヒトにおける最初のがん免疫細胞療法，LAK（lymphokine-activated killer cells）療法は末梢血リンパ球を高濃度のIL-2で大量に *in vitro* で増やしてがん患者に戻す抗原非特異的・活性化NK細胞療法でした．次に試みられたTIL（tumor infiltrating lymphocytes）療法は，がん部位から採取した浸潤リンパ球を培養し患者に戻す治療でした．1991年には，細胞傷害性T細胞（CTL）の標的となる腫瘍抗原として分子レベルではじめてThierry BoonらによりMAGE-1が同定され[3]，引き続き多くのがん関連抗原（多くがアミノ酸変異のないがん胎仔性/oncofetal抗原，がん精巣/cancer testis抗原）が同定され，がんペプチドワクチン療法，樹状細胞療法が国内外で多数施行されましたが効果は非常に限定的でした．

3）がん免疫の基盤をなす概念の確立

　　がんの免疫監視機構（cancer immuno-surveillance）という考えは，Macfarlane Burnetによって1960年に提唱され，2001年にRobert Schreiberにより免疫不全マウスを用いて実証されました[4]．R. Schreiberは「がん細胞の有する抗原性は，宿主の免疫状態によって決定される」という免疫編集（immunoediting）という概念も提唱し，松下博和らにより実験的に実証されました[5]．

4）がん治療に大きな変革をもたらした今日の抗体・細胞療法

　　新たな免疫細胞療法として2006年には，T細胞受容体遺伝子導入T細胞療法（TCR-T療法），2011年にはCD19に対するキメラ抗原受容体発現T細胞（CAR-T細胞）療法がはじめて施行されました．一方，抗体療法として1996年James Allisonは，自ら機能を確立したTリンパ球に発現する免疫抑制性分子CTLA-4に対するブロッキング抗体がマウスモデルで抗腫瘍効果を示すことを見出しました[6]．また，PD-1遺伝子は，本庶佑らによりアポトーシス関連遺伝子として単離され，2002年湊長博らによりPD-1/PD-L1を阻害するとマウス腫瘍モデルで，抗腫瘍効果を示すことが見出されました[7]．これを受け小野薬品工業社はPD-1に対するヒト抗体作製のために米国メダレックス社（その後BMS社に買収）に導出，BMS社が世界的に臨床展開してい

ます．日本でも小野薬品工業社とBMS社による進行性悪性黒色腫患者での臨床試験が実施され，進行性悪性黒色腫に対して日本で2014年に世界に先駆けて認可され，2015年には肺がんに対しても認可され，その後も適応がん種が増えています．米国では，進行性悪性黒色腫に対して2015年抗CTLA-4抗体のみならず，抗PD-1抗体との併用が認可されています[8) 〜13)]．

がん末期の患者の免疫抑制状態を免疫チェックポイント分子に対する阻害抗体投与により解除するだけで，すでに存在するCTLにより十分な抗腫瘍効果がみられ，一部において（1〜3割）長期延命（durable effect，場合によっては機能的治癒）をもたらすことが判明しています．これは，化学療法剤では観られない現象です．メラノーマなどの免疫療法のよく効くがん種ほど腫瘍の変異頻度が多い，すなわちCTLに認識される変異に基づく新規がん抗原ネオアンチゲンが多いほどよく効くことがわかってきています．一方，免疫療法は副作用が少ないと言われてきましたが必ずしもそうではなく，免疫チェックポイント抗体療法に伴い，ときには重篤な自己免疫様の臓器障害がみられます．また，CAR-T細胞療法においても強烈なサイトカインストームが観察されます．

3 今後のがん免疫療法 (図)

免疫チェックポイント分子に対する阻害抗体を中心とした免疫療法は，いまだ対象となるがん種が限定され，有効性を示す割合が低いのが現状です．現在，抗CTLA-4抗体と抗PD-1/PD-L1抗体などの免疫チェックポイント抗体間の併用のみならず，ペプチドワクチン（とりわけネオアンチゲン）・樹状細胞療法などで抗原特異的免疫の活性化を図り，放射線，化学療法・分子標的ドライバー遺伝子阻害剤，腫瘍溶解性ウイルスなどでがん部位に炎症を惹起しがん組織へのCTLの浸潤を促進する戦略など多々の組合わせによる臨床試験が世界的に展開されています．さらに，がんの微小環

Column

サイトカインストーム (cytokine storm)

サイトカイン放出症候群 (cytokine releasing syndrome) ともよばれ，TNF-α，IL-1，IL-6，IL-8などの炎症性サイトカインが（多くは一過性に）高濃度血液循環する状態です．発熱，悪心，悪寒，循環不全・ショック，脳症などの原因になり，ときには致死的です．細菌感染，サイトカイン治療などによって起こりますが，近年免疫チェッ

クポイント抗体，T細胞療法に伴う副作用としても重要視されています．多くの場合，マクロファージ，T/NK細胞などの異常活性化によるとされています．治療には，副腎皮質ホルモン，抗ヒスタミン剤，COX2阻害剤の前投与やIL-6/IL-1/TNF阻害剤が使用されますが，最近アドレナリン合成阻害が有効という発表もなされています．

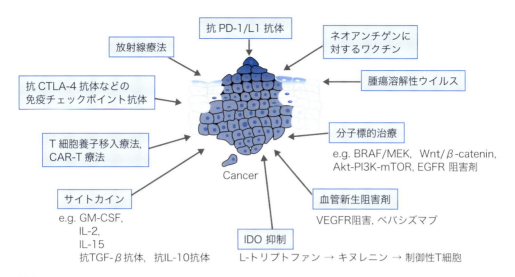

図　新たながん複合免疫療法の試み

近年の免疫チェックポイント抗体の開発は，がんの発症・病態・予後に重大な影響を与え（がんにおける免疫監視機構の存在の実証），免疫を制御することによりがん治療が可能であることを示しました．しかしながら対象がん・治療効果は非常に限定されています．それゆえ，現在抗PD-1/L1抗体とさまざまながん治療法との併用臨床試験が実施されています．文献14を元に作成．

境を構成し免疫抑制に関与するとされるiT$_{reg}$細胞をはじめさまざまなCD4$^+$ T細胞，pDCs，MDSC（myeloid-derived suppressor cells）を制御することも試みられています．今後，自然免疫を活性化する免疫アジュバント，アラーミン（HMGB-1/HMGN-1など），サイトカインなどによる抗原提示細胞の活性化などとの併用も期待されます．19世紀のR. Virchow，S. Pagetによる**がんも炎症**，という考えが再認識され，それを制御する免疫療法ががん治療を大きく変革しようとしています．

参考文献
1) Goldstein I, et al：Trends Mol Med, 18：299-303, 2012
2) Fearon ER & Vogelstein B：Cell, 61：759-767, 1990
3) van der Bruggen P, et al：Science, 254：1643-1647, 1991
4) Shankaran V, et al：Nature, 410：1107-1111, 2001
5) Matsushita H, et al：Nature, 482：400-404, 2012
6) Leach DR, et al：Science, 271：1734-1736, 1996
7) Iwai Y, et al：Proc Natl Acad Sci U S A, 99：12293-12297, 2002
8) Hodi FS, et al：N Engl J Med, 363：711-723, 2010
9) Topalian SL, et al：N Engl J Med, 366：2443-2454, 2012
10) Wolchok JD, et al：N Engl J Med, 369：122-133, 2013
11) Brahmer JR, et al：N Engl J Med, 366：2455-2465, 2012
12) Maude SL, et al：N Engl J Med, 371：1507-1517, 2014
13) Topalian SL, et al：J Clin Oncol, 29：4828-4836, 2011
14) Ott PA, et al：J Immunother Cancer, 5：16, 2017

おわりに

　本書では，炎症の定義からはじまり，炎症の原因となるストレス侵襲，炎症反応の基盤となる特異的白血球浸潤，炎症（自然免疫）と（獲得）免疫との連関，炎症特有の症状の分子機序，さまざまな炎症介在因子などを概説しました．さらに，炎症の疾患とのかかわりと，近年のサイトカインを標的とした抗体治療がもたらした炎症・免疫難病における治療変革や，がんも炎症を基盤にして起こること，炎症・免疫制御治療ががん治療法を大きく変革したことなどについても記載しました．

　一昔前までの炎症研究は，病理学を中心とした，固定標本を観て病気の原因・機序を推定するのが常套手段でしたが，ケモカインをはじめとする炎症介在因子の発見と蛍光レポータータンパク質の開発，顕微鏡の技術進歩などにより，細胞の生体内移動を直接可視化し，その分子機序を語ることができる時代になりました．すなわち，静止画像から動画の世界に突入したわけです．また，非常に限られた動物を用いて行われてきた疾患モデル・薬理実験が種々の遺伝子組換え動物（とりわけマウス）を用いて行うことが可能になり，またCRISPR–Cas9システムを用いて自由にゲノムを編集し，分子機序を検証できる時代になりました．さらに，次世代シークエンサーと情報科学の進展により，全ゲノムの解読，エピジェネティクス解析，包括的遺伝子発現解析，網羅的タンパク質・脂質解析などが非常に安価にどの研究室でもアクセスできるようになりました．今や，シングルセルレベルで遺伝子発現解析を行い，情報科学との統合のもとにシングルセルから観た"炎症細胞社会"，炎症・免疫組織を語る時代に突入しました．

　細胞の本質・移動・相互作用機序やその分子実態のわからない漠然とした炎症現象を追いかけた従来の炎症研究から新たな学問が発展してきました．今日のさまざまな技術進歩をとり入れた，炎症にかかわる分子・細胞・遺伝子・空間・時間情報を掴んだ非常に包括的かつ動的に捉える統合的Science，生命科学研究に根ざした医学分野において冠たる**炎症学**が誕生し，これから大きな発展を示すものと確信しています．

　今後の炎症学は，情報科学との統合のもとに**情報炎症学**（computational inflammatology）として，大きく発展するものと思われます．また，再生医学・医療との連結により，修復不能となった細胞・臓器の再生も夢ではありません．炎症学は，生命現象のさらなる解明に寄与するのみならず，疾患の原因・病態解明とそれに基づく新たな疾患予防・治療法の確立をもたらし，人々の健康・幸福に貢献するものと確信しています．

　炎症は，生体侵襲物に対するすべての臓器で起こりうる，ほとんどすべての疾患の原因ならびに病態の基盤となる生体応答です．それゆえ，すべての医療・医学・薬学分野の人たちにとって炎症を理解することは非常に重要なことです．医療，医学・薬学分野の初学者にとって，本書が今後の専門的学習をはじめるための良き入門書になれば，また，本書を通して炎症・免疫学を必ずしも専門としない医療，医学・薬学分野の諸氏にも近年の炎症学の発展を理解してもらえたならば著者一同，幸甚に存じます．

著者一同

Index

◆記号・数字◆

Ⅰ型IFN（インターフェロン） ………………… 35, 67, 106
Ⅱ型IFN ……………………………………… 67
Ⅲ型IFN ……………………………………… 67
α2M（α2-macroglobulin） … 93
α4β7 …………………………………… 133
αvβ6 …………………………………… 110
β-カテニン経路 ……………………… 113
βエンドルフィン ……………………… 103
γδT細胞 ……………………… 49, 130
κ受容体作動薬 ……………………… 103
μ受容体 ……………………………… 103
2',5'-OAS ……………………………… 67
（炎症の）4徴候 ……………………… 12
5-lipoxygenase ……………………… 86
5-LOX ………………………………… 86
（炎症の）5徴候 ……………………… 12

◆欧文◆

A

ADAM（a disintegrin and metalloproteinase） …… 92
ADAM-TS（a disintegrin and metalloproteinase with thrombospondin motifs） … 92
ADAR ………………………………… 67
ADCC活性 …………………………… 29
adipokines …………………………… 119
adiponectin ………………………… 119
affinity maturation → 親和性成熟
aggrecanase ………………………… 94
Agn1 …………………………………… 105
Ahr ……………………………………… 56
AIM2 …………………………………… 131
allodynia …………………………… 100
amphiregulin ……………………… 120
AMPキナーゼ ……………………… 121
angiogenesis ……………………… 104
angiopoietin1 ……………………… 105

APAF-1 ………………………………… 70
ARDS（acute respiratory distress syndrome） …… 122
Arnt …………………………………… 106
Aryl hydrocarbon receptor … 56
ASC …………………………………… 131
autocrine …………………………… 66
autoinflammation ………………… 37
autoinflammatory syndrome …… 130
Aδ線維 ……………………………… 100

B

B1細胞 ………………………………… 53
B2細胞 ………………………………… 53
basophil → 好塩基球
BCL6 …………………………………… 47
BCR …………………………………… 41
Blau症候群 …………………………… 37
BMI（Body Mass Index） …… 118
B細胞 ……………………… 41, 53, 75

C

C1インヒビター ……………………… 91
cancer immuno-surveillance …… 139
cancer stem cells ………………… 137
CAPS ………………………………… 131
CAR-T細胞 ………………………… 139
catalase ……………………………… 95
CCL2 ………… 100, 107, 119, 129
CCL17 ………………………………… 102
CCL22 ………………………………… 102
CCR5 ………………………………… 84
CCR6 ………………………………… 58
CCR9 ………………………………… 133
CD4+ Th2細胞 ……………………… 79
CD4+ T細胞 …… 42, 45, 49, 107, 128
CD8+ T細胞 ……………………… 42, 50
CD28 …………………………………… 48
CD40 …………………………………… 49
CD40L ………………………………… 49
CD80 …………………………………… 48
CD86 …………………………………… 48
cDC …………………………………… 26

central memory T cell …… 50
cGMP ………………………………… 123
chemokine → ケモカイン
CLP（common lymphoid progenitor） …… 55
CLR ……………………………… 35, 116
CML（chronic myelogenous leukemia） …… 137
cNOS ………………………………… 122
commensal microbiota …… 114
contraction期 ……………………… 43
COPD ………………………………… 57
co-receptor ………………………… 84
cosinophil granulocytes …… 22
COX-1/2（cyclooxygenase-1/2） …… 86
Crohn's disease（CD）→ クローン病
crown-like structure …… 120
CSF-1 ………………………………… 71
CTGF（connective tissue growth factor） …… 113
CTL …………………………………… 139
CTLA-4（cytotoxic T-lymphocyte protein-4） …… 48, 139
CTLA-4製剤 ……………………… 129
C-type lectin ……………………… 37
CX3CL1 ……………………………… 100
CXCL8 …………………… 100, 106, 129
CXCL10 ……………………………… 106
CXCR4 ………………………………… 84
Cys-S-SH …………………………… 97
cytokine storm …………………… 140
cytotoxic T lymphocyte …… 43
C型レクチン ………………………… 37
C型レクチン様受容体 …………… 35
C線維 ………………………………… 100

D

DAF（decay accelerating factor） …… 91
DAMPs（damage-associated molecular patterns） …… 34, 37, 110, 116
danger signal ……………… 35, 116
death receptor …………………… 117
DEATHドメイン …………………… 69

143

索引

dendritic cell → 樹状細胞
dependence receptor ········· 117
derDC ··································· 28
DIC（disseminated intravascular coagulopathy）········· 122
DIRA ································· 131
don't eat me ······················ 32
DRG（dorsal root ganglion）······ 101
dysbiosis ··························· 114

E

EAE モデル ·························· 49
eat me シグナル ·················· 31
ECM（extracellular matrix）·· 108
effector memory T cell ········· 50
EGF ································· 72
Ehlers–Danlos 症候群 ·········· 94
EMT（epithelial to mesenchymal transition）········· 72
endocrine ·························· 66
eNOS ······························ 122
Eomes（Eomesodermin）····· 56
EPA ································· 87
ERK/MAP キナーゼ経路 ········· 71
exhausted T 細胞 ················ 50

F

FAS（Fas cell surface death receptor）······················ 117
FasL ·························· 43, 117
Fcγ R ······························ 30
FcεRI（Fcε受容体 I）··········· 23
Fc 受容体 ·························· 29
FDC ···························· 53, 55
Fenton 反応 ························ 95
ferritin ···························· 118
ferroptosis ························ 117
FFA（free fatty acid）········· 119
FGF（fibroblast growth factor）
································· 72, 105
FGFR チロシンキナーゼ阻害剤···
································· 113
fibrocyte ·························· 111
FIZZ1 ···························· 113
FIZZ2 ···························· 113

FLT3L ······························ 71
FMF ······························ 131
follicular DC ······················ 53
Foxp3 ······························ 47
Foxp3 陰性 Treg ················ 48
Foxp3+制御性 T 細胞 ··········· 43

G

GATA–3 ······················ 47, 56
G–CSF ······························ 71
glutathione peroxidase ········· 95
GM–CSF ···························· 71
gp130 ······························ 77
GPCR（G タンパク質共役型受容体）···························· 84
GPI アンカータンパク質 ········· 91
GPX4 ······························ 118
granuloma ························ 107
GS–SH ···························· 97
GS–S–SG ···························· 97
guanylyl cyclase ················ 123
Gαi ································· 84

H

H₂S ································· 97
Helicobacter hepaticus 誘導腸炎モデル ························ 58
hereditary angioedema ········· 91
HEV ································· 27
HIF–1α ···························· 105
HIF–1β ···························· 106
HIV（human immunodeficiency virus）···························· 84
HRE（hypoxia responsive element）配列 ···················· 106
HSP（heat shock protein）·· 121
HS アニオン ······················ 97
hyperalgesia ····················· 100

I

IBD（inflammatory bowel diseases）→ 炎症性腸疾患
ICOS ································· 47
ICOSL ······························ 47
IFN（interferon）················ 66
IFNAR ······························ 67

IFNGR ······························ 67
IFNLR1 ···························· 67
IFN–α ······························ 28
IFN–γ ··43, 47, 57, 58, 67, 107, 111, 114, 129
IFN–λ ······························ 67
IgA 腎症 ·························· 108
IgE 抗体 ···························· 23
IL–1 ··········· 56, 58, 73, 81, 129
IL–1Ra（IL–1 receptor antagonist）························ 74, 131
IL–1Rrp ···························· 74
IL–1α ·························· 74, 101
IL–1β ··40, 58, 60, 74, 110, 118
IL–1 阻害剤 ························ 129
IL–2 ························ 47, 58, 77
IL–2Rγ ······························ 57
IL–3 ·························· 22, 71
IL–4 ··43, 46, 47, 50, 56, 57, 79, 101, 106, 107, 111
IL–5 ·············· 22, 46, 56, 57
IL–6 ············ 35, 40, 46, 47, 75, 77, 81, 110, 119, 129
IL–7 ·························· 71, 78
IL–8 ············ 81, 100, 106, 129
IL–9 ·················· 55, 56, 78
IL–9 受容体 ························ 55
IL–10 ···················· 40, 48, 67
IL–11 ······························ 77
IL–12 ····· 35, 40, 45, 47, 58, 80, 111, 119
IL–13···46, 56, 57, 79, 110, 111
IL–15 ···························· 58, 78
IL–17 ········ 43, 56, 58, 114, 129
IL–17A ················ 49, 81, 111
IL–17F ···························· 49
IL–17R ···························· 130
IL–18 ···········74, 110, 118, 131
IL–18 受容体 ······················ 74
IL–21 ·················· 47, 49, 50, 81
IL–22 ·················· 49, 56, 57
IL–23 ·········· 40, 46, 56, 58, 129
IL–25 ······················ 56, 110
IL–28A ···························· 67
IL–28B ···························· 67
IL–29 ······························ 67

144　　もっとよくわかる！炎症と疾患

Index

IL–31 ································· 101
IL–31R ····························· 102
IL–33 ················ 56, 101, 110
ILC（innate lymphoid cell）·· 55
ILC1 ··························· 55, 57
ILC2 ··························· 55, 57
ILC3 ····················· 55, 57, 130
immunoediting ················ 139
inducible regulatory T cell ····· 47
inducible T–cell costimulator ·· 47
iNOS ····························· 122
IP–10 ···························· 106
IPEX症候群 ······················ 47
IPF（idiopathic pulmonary fibrosis）···················· 113
IRF（interferon regulatory factor）····················· 35, 67
iTreg ···························· 47
Ⅰ型アレルギー反応 ········· 22, 23

J

JAK1 ····························· 67
JAK2 ····························· 67
JAK2/STAT5経路 ················ 71
JAK/STAT経路 ·············· 77, 78
JNK ······························ 74

K・L

Keap1–Nrf2制御系 ················ 96
LAG3 ····························· 48
LAK療法 ························· 139
Langerhans cell ················· 25
leptin ···························· 119
LIF（leukemia inhibitory factor）······························· 77
lineageマーカー ·················· 55
lipoxygenase ···················· 118
LPA（lysophosphatidic acid）······························· 89
LPG（lysophosphatidyl glycerol）······························· 89
LPGlc（lysophosphatidyl gluco-side）························· 89
LPI（lysophosphatidyl inositol）······························· 89

LPS（lysophosphatidyl serine）······················· 89, 118
LTB4 ····························· 86
LTi（lymphoid tissue inducer）······························· 58
LXA4 ····························· 87

M

M1/M2パラダイム ·········· 40, 111
M1マクロファージ ················ 40
M2マクロファージ ················ 40
MAC（membrane attack com-plex）························· 90
macrophage → マクロファージ
MAdCAM ························ 133
Magic Bullet 説 ················ 136
MAPK（MAPキナーゼ）··· 35, 74
mast cell → マスト細胞
MCP–1 ········ 100, 107, 119, 129
M–CSF ···························· 71
mDC ······························ 26
MDC ····························· 102
memory期 ························ 43
metformin ······················ 121
mevalonate kinase ············· 131
MHCクラスⅠ ···················· 29
MHCクラスⅡ ···················· 42
MMP（matrix metallopro-teinase）·············· 92, 93, 104
MODS（multiple organ dys-function syndrome）········· 122
MrgprA3（Mas–related G–pro-tein–coupled receptor A3）······························· 101
mTOR-S6K経路 ················ 121
Muckle–Wells症候群 ············ 37
MyD88 ··························· 74
Mφ → マクロファージ

N

NASH（non–alcoholic steato-hepatitis）···················· 108
naturally occurring regulatory T cell ························· 47
NCR（natural cytotoxicity receptor）····················· 56

necroptosis ····················· 117
NETs（neutrophil extracellular traps）························ 30
neurogenic itch ················· 100
neuropathic itch ················ 100
neuropathic pain ················ 100
neutrophil → 好中球
next generation sequencer ·· 137
NF–κB ········ 35, 37, 70, 74, 106
NK1.1 ···························· 56
NKp46 ··························· 56
NKT細胞 ························· 79
NK細胞 ········· 29, 55, 78, 80
NLR（Nod–like receptor）·········
······························ 35, 131
NLRC4 ·························· 131
NLRP1–14 ······················ 131
NLRP3インフラマソーム ··········
······················ 58, 110, 120
NLRs ···························· 116
nNOS ···························· 122
NO ······························· 122
NOMID ··························· 37
NOS（nitric oxide synthase）····
······························· 122
nTreg ···························· 47

O・P

omentin ························· 119
P2X4 ···························· 100
PAF（platelet activating factor）······························· 86
PAMPs（pathogen–associated molecular patterns）··· 34, 139
PAPA ···························· 131
paracrine ························· 66
PD–1（programmed death–1）··
····························· 47, 139
pDC（plasmacytoid DC）·········
························· 26, 28, 67
PDGF（platelet–derived growth factor）· 72, 104, 105, 110, 113
PDGFR ·························· 113
PD–L1 ······················ 51, 139
PFAPA症候群 ···················· 131
PI3K–AKT経路 ················· 121
PKR ························· 67, 117

索引

145

索引

PM$_{2.5}$ ··110
PNH (paroxysmal nocturnal hemoglobinuria) ··········91
postcapillary venule ··········13
PPARα ····································113
PPARγ ····································113
pro–IL–1β ····························131
PRR (pattern recognition receptors) ····························35
pruriceptive itch ··············100
psoriasis ····························129
psychogenic itch ··············100
PtdSer ································31
pyroptosis ·····················117

R

RA (rheumatoid arthritis) ··128
rapamycin ·························121
rDC ·····································26
RECK (reversion–inducing cysteine–rich protein with kazal motifs) ···················93
RELM ·······························113
replication cellular senescence ····································120
replicative senescence ·········52
resistin ································119
Retinol–Binding Protein 4 ···119
RF (rheumatoid factor) ···129
RIG–I様受容体 ····················35
RLR ··································35
RORα ·····················56, 57
RORγ t ·······················57
ROS (reactive oxygen species) ····························116, 118

S

S1P (sphingosine–1–phosphate) ····································89
SASP (senescence–associated secretary phenotype) ······121
SCF ··································71
sepsis ·······························122
Sir2 ·································121
SIRS (systemic inflammatory response syndrome) ·········122

sirtuin ································121
SLE ····························29, 91
SMAD2/3経路 ·····················113
SOCS (suppressor of cytokine signaling) ·····················79
SOD ·································95
splenic reservoir monocytes ··40
Srebf1 ·····························113
SRS–A (slow reacting substance of anaphylaxis) ···········86
STAT1 ·······························67
STAT–3 ·······························47
STAT–4 ·······························47
STAT–5 ·······························47
STAT–6 ·······························47
sterile inflammation ··········120
STT (spinal thalamic tract) ······ ····································103
superoxide dismutase ··········95
Syk ··································37

T

TACE (TNF–α converting enzyme) ·····················94
TARC ·······························102
targeted therapy ·············137
T–bet ·····················47, 57
TCM ·································50
TCR ··································41
TCR–T療法 ·························139
TD応答 ·······························55
TEM ·································50
TF (tissue factor) ·············123
T$_{FH}$ ················43, 45, 49, 55
TGF–β ····40, 46～48, 93, 104, 110, 111, 112
Th1 ·····················45, 129
Th2 ·································45
Th17 ··········43, 45, 46, 49, 129
Th22 ·······························129
thrombospondin ···············93
Tie2 ·······························105
TIL療法 ·····························139
TIMP (tissue inhibitor of metalloproteinase) ···············93
TLR ·····················34, 116

TLR2 ·······························115
TLR4 ·······························119
TLR9 ·······························115
TNF (tumor necrosis factor) ···· ····································68
TNFR1 ·················69, 117, 131
TNFR2 ·······························69
TNF–α ·····43, 57, 81, 107, 110, 111, 119, 129
TNF–α抗体 ·················129, 130
TNF–α受容体関連周期性発熱症候群 ·························130
TNFスーパーファミリー ·········71
TNFファミリー ·····················68
Toll 様 受 容 体 (Toll–like receptor) ·················34, 114
Tr3 ·································48
TRAIL ·······························117
TRAILR1/2細胞膜受容体 ······117
transendothelial migration ···15
transferrin ·······················118
TRAPS ·······························130
Treg ··········43, 45, 47, 59, 114
TRM (tissue resident memory) ····································50
TRPA1 ·······························101
TRPV1 ·······························101
T細胞······41, 42, 77, 78, 80, 81
T細胞受容体 ·······················41
T細胞受容体遺伝子導入T細胞療法 ····································139

U・V

UC (ulcerative colitis) → 潰瘍性大腸炎
VEGF (vascular endothelial growth factor) ····72, 105, 106
VEGFR ·······················105, 113
VWF (von Willebrand因子) ····· ····································94, 109

W

Wegener肉芽腫症 ·················108
WISP1 (Wnt–1–inducible signaling protein–1) ·············113
Wnt ·································113

Index

◆和文◆

あ行

アディポカイン …………………… 119
アディポネクチン ………………… 119
アトピー性皮膚炎 ………… 57, 101
アナフィラトキシン ……………… 91
アポトーシス …………………… 70, 116
アラーミン … 101, 110, 116, 141
アラキドン酸 ……………………… 86
アレルギー応答 …………………… 57
アンジオポエチン 1 ……………… 105
アンチトロンビン ………………… 124
アンフィレギュリン ……………… 120
異性痛 ……………………………… 100
痛み ………………………………… 100
遺伝子再編成 ……………………… 41
遺伝性血管性浮腫 ………………… 91
イマチニブ ………………………… 137
インスリン様成長因子 …………… 93
インターフェロン ………………… 66
インターロイキン ………………… 73
インテグリン ……………………… 110
インフラマソーム … 35, 118, 131
エイコサノイド …………………… 86
液性免疫 …………………………… 45
エフェクター T 細胞 ……… 43, 59
エフェクター細胞 ………………… 22
エリスロポエチン ………………… 71
エンケファリン …………………… 103
炎症性（古典的）単球 …………… 38
炎症性サイトカイン ………………
　　　　　　　……… 20, 111, 129
炎症性腸疾患 ……… 49, 114, 132
炎症抑制 …………………………… 48
エンドトキシン …………………… 123
オートファジー …………………… 116
オキサリプラチン ………………… 116
オピオイド ………………………… 103
オプソニン化（オプソニン効果）
　　　　　　　……… 29, 30, 55
オメガ 3 脂肪酸 ………………… 87
オメンチン ………………………… 119

か行

潰瘍性大腸炎 ……… 49, 114, 132
角化細胞（ケラチノサイト）………
　　　　　　　……… 24, 101, 129
獲得免疫 …………………………… 41
過酸化水素 ………………………… 95
カスパーゼ–1 …………………… 131
カスパーゼ–3 …………………… 70
カスパーゼ–8 …………………… 70, 117
家族性 TTP ……………………… 94
カタラーゼ ………………………… 95
褐色脂肪細胞 ……………………… 119
活性硫黄分子種 …………………… 97
活性化 T 細胞 …………………… 75
活性酸素 …………………………… 94
滑膜線維芽細胞 …………………… 129
滑膜マクロファージ ……………… 129
かゆみ ……………………………… 100
カロリー制限 ……………………… 121
がん ………………………………… 136
肝がん ……………………………… 108
がん幹細胞 ………………………… 137
肝硬変 ……………………………… 108
肝細胞 ……………………………… 75
関節リウマチ ……… 49, 94, 128
乾癬 ………………………… 49, 129
がん治療 …………………………… 115
がんの免疫監視機構 ……………… 139
がんの免疫療法 …………………… 138
がん免疫療法 ……………………… 116
間葉系細胞 ………………………… 112
乾酪性肉芽腫 ……………………… 107
気管支喘息モデル ………………… 57
キメラ抗原受容体発現 T 細胞 ……
　　　　　　　……………………… 139
急性期相タンパク質 ……… 14, 74
急性呼吸不全症候群 ……………… 122
急性疼痛 …………………………… 100
共生細菌叢 ………………………… 114
共同受容体 ………………………… 84
巨核芽球性白血病細胞 …………… 78
筋線維芽細胞 ……………………… 111
グアニル酸シクラーゼ …………… 123
クラススイッチ組換え …………… 54
グランザイム B …………… 29, 43
クリゾチニブ ……………………… 137

クリプトパッチ ………… 58, 114
グルタチオンペルオキシダーゼ
　　　　　　　……………… 95, 118
クローディン ……………………… 102
クローン病 …… 49, 57, 114, 132
クロロキン ………………………… 101
形質細胞 …………………… 53, 107
形質細胞様樹状細胞 … 26, 28, 67
血管外遊出 ………………………… 39
血管周皮細胞 ……………………… 105
血管新生 …………………………… 104
血管新生因子 ……………………… 104
血管内皮細胞 ……………… 81, 104
結合組織 …………………………… 104
血小板活性化因子 ………………… 86
血小板由来成長因子 ……………… 109
血栓性血小板減少性紫斑病 …… 94
ケモカイン ………… 20, 83, 100
ケモカイン受容体 ………………… 84
ケラチノサイト → 角化細胞
嫌気性解糖系 ……………………… 59
抗 CCP 抗体 ……………………… 129
抗 CTLA–4 抗体 ………… 116, 140
抗 IL–6R 抗体 …………………… 129
抗 IL–17R 抗体 ………… 129, 130
抗 IL–17 抗体 …………… 129, 130
抗 IL–31 受容体抗体 …………… 101
抗 PD–1 抗体 …………………… 140
抗 TNF–α 抗体 ………………… 133
好塩基球 …………………… 23, 79
抗がん剤 …………………………… 136
膠原線維 …………………………… 104
抗原提示細胞 ……………………… 78
抗原特異的 B 細胞 ……………… 55
抗原特異的 T 細胞 ……………… 43
後根神経節 ………………………… 101
好酸球 ……………… 22, 78, 79
抗線維化薬 ………………………… 113
抗体依存性細胞傷害活性 ……… 29
抗体記憶 …………………………… 55
好中球 ……………………… 20, 78
高内皮細静脈 ……………………… 27
後毛細管細静脈 …………………… 13
固形がん …………………………… 137
骨髄移植 …………………………… 116
古典的経路 ………………………… 90

索引

147

索引

個別化医療 ································ 137
コラーゲン ·············· 104, 108, 109
コルネオデスモシン ··············· 102

さ行

サーチュイン ························· 121
サイトカイン ·························· 66
サイトカインストーム ············ 140
細胞外マトリックス ··············· 108
細胞死 ································· 116
細胞傷害性T細胞 ··················· 139
細胞傷害性リンパ球 ················ 43
細胞性免疫 ···························· 45
細胞増殖因子 ························· 72
サルコイド結節 ····················· 108
酸化的リン酸化 ······················ 59
糸球体腎炎 ···························· 108
シグナロソーム ····················· 131
自己炎症症候群 ····················· 130
自己炎症性疾患 ······················ 37
自己免疫寛容 ························· 48
自己免疫疾患 ···················· 29, 128
脂質メディエーター ················· 86
シスプラチン ························· 116
次世代シークエンサー ············· 137
自然抗体 ····························· 53
自然免疫 ····························· 20
自然リンパ球 ························· 55
止掻作用 ····························· 103
実験的自己免疫性／アレルギー性
　脳脊髄炎 ··························· 49
シトクロム–C ························ 70
脂肪酸 ······························· 119
脂肪組織 ····························· 118
周期性発熱疾患 ····················· 130
樹状細胞 ···················· 25, 78, 80
腫瘍壊死因子 ························· 68
腫瘍抗原 ····························· 139
常在型樹状細胞 ······················ 26
常在型（非古典的）単球 ············ 38
上皮角化細胞 ························· 101
上皮間葉転換 ························· 72
上皮細胞 ························· 78, 81
上皮（内皮）間葉転換 ············· 111
褥瘡 ································· 104
神経障害性疼痛 ····················· 100

尋常性乾癬 ···························· 29
新生児期発症多臓器性炎症性疾患
································· 37
真皮樹状細胞 ························· 28
腎不全 ······························· 108
親和性成熟 ······················ 50, 55
スーパーオキシド ···················· 95
ストレス侵襲 ························· 10
ストローマ細胞 ······················ 78
ストローマ反応 ····················· 106
制御性T細胞 ························· 47
生理活性脂質 ························· 86
生理活性物質 ························· 119
赤血球前駆細胞 ······················ 78
セラミド ····························· 120
線維化 ···················· 104, 107, 108
線維芽細胞 ········ 75, 81, 104, 107,
　108
線維細胞 ····························· 111
全身性エリテマトーデス ·· 29, 91
全身性炎症性症候群 ················· 122
線溶凝固系 ···························· 122
創傷治癒 ····························· 104
掻痒 ································· 100
組織因子 ····························· 123
組織浸潤 ························· 14, 39
組織マクロファージ ················· 24

た行

第2経路 ····························· 90
耐糖能異常 ···························· 119
多核巨細胞 ···························· 107
多臓器障害 ···························· 124
多臓器不全 ···························· 122
脱顆粒 ······························· 23
多発性硬化症 ························· 49
単球 ······························ 24, 75
単球由来マクロファージ ············ 24
中枢性掻痒 ···························· 100
中性脂肪 ····························· 119
腸内細菌叢 ······················ 114, 132
鎮痛作用 ····························· 103
痛覚過敏 ····························· 100
痛風 ································· 131
ディスバイオーシス ················· 114
ディフェンシン ······················ 20

鉄貯蔵タンパク質 ··················· 118
鉄トランスポーター ················· 118
テロメア仮説 ························· 121
テロメラーゼ ························· 121
疼痛 ································· 100
糖尿病性腎症 ························· 108
冬眠 ································· 121
特発性肺線維症 ·············· 108, 113
特発性発熱症候群 ··················· 131
ドライバー遺伝子 ··················· 137
トラメチニブ ························· 137
トロンボキサン ······················ 86
トロンボスポンジン ·················· 93
トロンボポエチン ···················· 71
トロンボモジュリン ················· 124
貪食細胞 ····························· 30

な行

ナイーブT細胞 ··················· 43, 59
内在性Treg ··························· 47
内皮細胞 ····························· 75
ナチュラルキラー細胞 ··············· 29
ナルフラフィン ····················· 103
肉芽腫 ······························· 107
肉芽組織 ····························· 104
二次リンパ組織 ····················· 114
ニンテダニブ ························· 113
ネオアンチゲン ····················· 140
ネクローシス ························· 116
ネクロトーシス ····················· 117

は行

パーフォリン ······················ 29, 43
パイエル板 ······················ 58, 114
敗血症 ······························· 122
敗血症ショック ····················· 122
肺線維症 ····························· 108
胚中心 ······························· 55
パイロトーシス ····················· 117
白色脂肪細胞 ························· 119
播種性血管内凝固症候群 ······ 122,
　123
パターン認識受容体 ··········· 35, 116
白金製剤 ····························· 115
瘢痕化 ······························· 104

148　　もっとよくわかる！炎症と疾患

Index

非アルコール性脂肪性肝炎…108
ヒスタミン …………………23, 101
ヒドロキシルラジカル …………95
疲弊 T 細胞…………………………50
肥満…………………………………118
肥満細胞（マスト細胞）…22, 78, 79
ピルフェニドン …………………113
ファゴソーム ……………………32
ファゴリソソーム ………………32
フィブリノゲン …………………104
フィラグリン ……………………102
フェロトーシス …………………117
複製性老化 ………………………52
フラクタルカイン ………………100
プラスミノーゲン活性化因子…104
プレ B/T 細胞 ……………………78
プロスタグランジン …23, 86, 110
分子標的治療……………………137
分葉核 ……………………………20
ベーチェット病 …………………131
ヘパリン …………………………124
ペリサイト ………………………105
ペルオキシニトライト …………95
ヘルパー ILC ………………56, 58
ヘルパー T 細胞 …………………43
放射線照射 ………………………116
補充療法 …………………………124
ホスファチジルセリン …………31
補体…………………………………89

補体受容体 …………………29, 30
発作性夜間ヘモグロビン尿症…91

ま行

マクロファージ…24, 59, 75, 80, 81, 104, 111
マスト細胞（肥満細胞）…22, 78, 79
マトリックスメタロプロテアーゼ …………………………………92
慢性炎症……………………………109
慢性骨髄性白血病………………137
慢性疼痛……………………………100
慢性副鼻腔炎モデル ……………57
慢性閉塞性肺疾患 ………………57
未病 ………………………………12
無菌的炎症 ………………………119
メサンギウム細胞 ………………75
メタボリックシンドローム…118
メタロプロテアーゼ………91, 104
メトフォルミン …………………121
メモリー B 細胞……………42, 53
メモリー T 細胞 ……42, 59, 78
メモリー幹細胞…………………51
免疫アジュバント療法 ………138
免疫寛容 …………………………114
免疫記憶 …………………………44
免疫細胞の代謝…………………58
免疫チェックポイント抗体療法 …………………………………140

免疫複合体疾患 …………………91
免疫編集 …………………………139

や行

遊走型樹状細胞 …………………26
誘導性 Treg ………………………47

ら行

ラパマイシン ……………………121
ラミニン …………………………104
ランゲルハンス細胞 ……………28
リウマトイド因子………………129
リソソーム ………………………20
リゾリン脂質 ……………………89
リポキシン A4 …………………87
リポポリサッカライド …………118
リンパ球共通前駆細胞 …………55
類上皮細胞 ………………………107
レクチン経路 ……………………90
レジスチン ………………………119
レプチン …………………………119
ロイコトリエン ……………23, 86
老化…………………………………120
濾胞樹状細胞……………………53
濾胞性ヘルパー T 細胞 …………43

わ行

ワールブルグ効果………………59

索引

著者プロフィール

松島綱治 (まつしま こうじ)

1978年，金沢大学医学部卒業後，同大学大学院医学研究科医学生理系（分子免疫学）に進み右田俊介教授に師事した．'82年に学位取得後直ちに米国国立衛生研究所（NIH）に留学，Dr. Joost J. Oppenheimの研究室にてIL–1の精製，ケモカインのプロトタイプIL–8/MCAFを発見し米国国立がん研究所（NCI）におけるtenure positionをオファーされた．しかし，'90年に金沢大学がん研究所薬理部教授として日本に戻り，ケモカインの炎症・免疫反応（疾患）における重要性の確立とケモカインを標的とした炎症・免疫疾患治療法の開発に精力を注ぎ，'96年，東京大学大学院医学系研究科分子予防医学に異動後の成人型T細胞白血病ATL治療薬（抗CCR4抗体，モガムリズマブ）開発に結びつけた．2018年に東京大学を定年退職．現在，東京理科大学生命医科学研究所炎症・免疫難病制御部門の教授として，多くのスタッフ，学生らとともに1）新規複合がん免疫療法確立をめざした抗CD4抗体，CCR2会合分子FROUNT阻害剤，アラーミンHMGN–1などの臨床開発と2）シングルセルから観た炎症社会解明をめざした情報炎症学の確立に向けた研究に邁進している．趣味は，ワイン，ゴルフと年に一度の北アルプス縦走である．

上羽悟史 (うえは さとし)

1999年，東北大学農学部卒業，2001年，東北大学大学院農学系研究科修士課程修了，'04年，東京大学大学院医学系研究科医学博士課程修了（松島綱治教授）．博士課程修了後，東京大学大学院医学系研究科分子予防医学教室の研究員，助教，講師を経て東京理科大学生命医科学研究所炎症・免疫難病制御部門にて准教授（現職）．研究の主なモチベーションは，生体内における免疫担当細胞や組織構成細胞の移動，増殖，細胞間相互作用などの制御機構を理解し，がん，線維症，感染症，同種造血幹細胞移植後の移植片対宿主病や免疫不全などの新しい予防・治療法につなげ社会に還元すること．研究室の同僚と縦走した北アルプスの絶景を経験して以来，夏登山を趣味にしており，これまでに槍ヶ岳，奥穂高，剱岳などに登っている．

七野成之 (しちの しげゆき)

2012年，東京大学薬学部卒業，'14年，東京大学大学院医学系研究科医科学修士課程修了，'18年，東京大学大学院医学系研究科医学博士課程修了（松島綱治教授）．博士課程修了後，東京理科大学生命医科学研究所 炎症・免疫難病制御部門にて助教（現職）．研究の主なモチベーションは，生体内における線維芽細胞などの組織構成細胞・免疫担当細胞の多様性や，それらの間の相互作用の変遷を，各種オミクス技術開発・情報解析を通じて総体として理解することで，線維症，がん，自己免疫疾患などの慢性炎症性疾患の新しい予防・治療法につなげ社会に還元すること．研究と同じく自らの手で創意工夫できる共通点もあり，スイーツづくりやクラシックなどを長年趣味にしている．

中島拓弥 (なかじま たくや)

2011年，麻布大学環境保健学部卒業，'13年，麻布大学大学院環境保健学研究科環境保健科学専攻博士前期課程修了（松田基夫教授），'18年，東京大学大学院医学系研究科医学博士課程修了（松島綱治教授）．博士課程修了後，東京理科大学生命医科学研究所炎症・免疫難病制御部門にて博士研究員（現職）．Tgマウスや遺伝子組換え技術を利用して，遺伝子が生体内でどのように炎症・免疫にかかわっているのかを明らかにすることを基軸に研究を行っている．松島研のカメラマンを担当しており，切片や細胞などの写真だけではなく，研究室のイベントの際には記録を撮っている．

著者集合写真

（写真左より）松島綱治，上羽悟史，中島拓弥，七野成之

実験医学別冊
もっとよくわかる！炎症と疾患
あらゆる疾患の基盤病態から治療薬までを理解する

2019年 6月10日　第1刷発行	著　者	松島綱治，上羽悟史，七野成之，中島拓弥
2021年 3月25日　第2刷発行	発行人	一戸裕子
	発行所	株式会社　羊　土　社
		〒101-0052
		東京都千代田区神田小川町2-5-1
		TEL　03（5282）1211
		FAX　03（5282）1212
		E-mail　eigyo@yodosha.co.jp
ⓒ YODOSHA CO., LTD. 2019		URL　www.yodosha.co.jp/
Printed in Japan	装　幀	関原直子
ISBN978-4-7581-2205-4	印刷所	株式会社　平河工業社

本書に掲載する著作物の複製権，上映権，譲渡権，公衆送信権（送信可能化権を含む）は（株）羊土社が保有します．
本書を無断で複製する行為（コピー，スキャン，デジタルデータ化など）は，著作権法上での限られた例外（「私的使用のための複製」など）を除き禁じられています．研究活動，診療を含む業務上使用する目的で上記の行為を行うことは大学，病院，企業などにおける内部的な利用であっても，私的使用には該当せず，違法です．また私的使用のためであっても，代行業者等の第三者に依頼して上記の行為を行うことは違法となります．

JCOPY ＜（社）出版者著作権管理機構　委託出版物＞
本書の無断複写は著作権法上での例外を除き禁じられています．複写される場合は，そのつど事前に，（社）出版者著作権管理機構（TEL 03-5244-5088, FAX 03-5244-5089, e-mail：info@jcopy.or.jp）の許諾を得てください．

乱丁，落丁，印刷の不具合はお取り替えいたします．小社までご連絡ください．

実験医学をご存知ですか!?

実験医学ってどんな雑誌？

ライフサイエンス研究者が知りたい情報をたっぷりと掲載!

「なるほど！こんな研究が進んでいるのか！」「こんな便利な実験法があったんだ」「こうすれば研究がうまく行くんだ」「みんなもこんなことで悩んでいるんだ！」などあなたの研究生活に役立つ有用な情報、面白い記事を毎月掲載しています！ぜひ一度、書店や図書館でお手にとってご覧になってみてください。

疾患研究の最先端に迫る！

今すぐ研究に役立つ情報が満載！

 → がん免疫、腸内細菌叢など、今一番Hotな研究分野の最新レビューを掲載

 → 最新トピックスから実験法、読み物まで毎月多数の記事を掲載

こんな連載があります

 ### News & Hot Paper DIGEST　トピックス
世界中の最新トピックスや注目のニュースをわかりやすく、どこよりも早く紹介いたします。

 ### クローズアップ実験法　マニュアル
ゲノム編集、次世代シークエンス解析、イメージングなど有意義な最新の実験法、新たに改良された方法をいち早く紹介いたします。

 ### ラボレポート　読みもの
海外で活躍されている日本人研究者により、海外ラボの生きた情報をご紹介しています。これから海外に留学しようと考えている研究者は必見です！

その他、話題の人のインタビューや、研究の心を奮い立たせるエピソード、ユニークな研究、キャリア紹介、研究現場の声、科研費のニュース、ラボ内のコミュニケーションのコツなどさまざまなテーマを扱った連載を掲載しています！

Experimental Medicine 実験医学 生命を科学する 明日の医療を切り拓く

月刊 毎月1日発行　B5判 定価（本体2,000円＋税）
増刊 年8冊発行　B5判 定価（本体5,400円＋税）

詳細はWEBで!!　実験医学online 検索

お申し込みは最寄りの書店、または小社営業部まで！

TEL 03 (5282) 1211　MAIL eigyo@yodosha.co.jp
FAX 03 (5282) 1212　WEB www.yodosha.co.jp/

発行 羊土社